DAYANA WINKLER

Katzen-Tricks mit Clicker

Müller Rüschlikon

Einbandgestaltung: Kornelia Erlewein, grafik+design
Titelbild: Kerstin Benz, www.realpicture-fotografie.de

Bildnachweis: Die Bilder stammen von den Mitgliedern der Gruppe »Trickcatting« (www.trickcatting.de): Bianca Böhme, Andrea Chrubasik, Natasha Fischer, Sven Fischer, Susann Funda, Sandra Ilgaz, Sybille Isac, Claudia Ivens, Pia Kräuchi, Claudia Merkl, Marie-Theres Schröder, Michaela Stolz, Nicole Teckentrup, Dayana Winkler

ISBN 978-3-275-01999-1

Postfach 103743, 70032 Stuttgart
Ein Unternehmen der Paul Pietsch Verlage GmbH & Co. KG
Lizenznehmer der Bucheli Verlags AG, Baarerstr. 43, CH-6304 Zug

1. Auflage 2014

Sie finden uns im Internet unter www.mueller-rueschlikon-verlag.de

Gesamtleitung: Claudia König
Lektorat: Steffi Gaede
Innengestaltung: Kornelia Erlewein, grafik+design
Druck und Bindung: Graspo CZ, 76302 Zlin
Printed in Czech Republic

Beim Clickern haben Mensch und Tier Spaß und fassen Vertrauen zueinander. Die Stubentiger werden zudem körperlich wie geistig ausgelastet.

Inhalt

Kapitel 1

Kapitel 2

Kapitel 3

Die Tricks

Kapitel 4

Probleme und Lösungen

Kapitel 5

Katzenagility

Einführung

Warum macht man mit Katzen überhaupt Clickertraining? Ist es nicht so, dass sie sowieso stur sind und ihren eigenen Kopf haben? Sie sind ja nicht wie Hunde, die einem gefallen möchten … Und doch gibt es sie, die Clicker-Katzen. Sie fragen sich, ob das Ihre Katze auch kann? Die Antwort ist: Ja!

Klassische Konditionierung
Der Primärverstärker
Shapen und Target
Verhaltensketten und Singnalverknüpfungen aufbauen

Katzen, besonders Wohnungskatzen, wollen beschäftigt werden und eine enge Beziehung zu ihren Menschen aufbauen. Der Clicker kann helfen, Ängste oder Fehlverhalten abzulegen. Unsichere und ängstliche Katzen bekommen durch die positive Verstärkung mit dem Clicker von Mal zu Mal mehr Selbstbewusstsein. Auch der Mensch lernt eine ganz neue Art und Weise kennen, sich mit seiner Katze zu verständigen.

Durch den Click im richtigen Moment zeige ich der Katze, dass ihr Verhalten richtig ist. Somit wird eine leicht zu verstehende Lernsituation geschaffen. Dadurch, dass der Clicker jedes richtige Verhalten anzeigt, kann er überall eingesetzt werden, zum Beispiel in der Grunderziehung und bei Tricks.

Die Regeln fürs Clickern

- *Die Katze wird zu nichts gezwungen, sie soll immer selbst entscheiden dürfen.*
- *Sie darf nie für ein falsches Verhalten bestraft werden.*
- *Mensch und Tier sollten Spaß am Training haben.*
- *Der Mensch braucht viel Geduld.*
- *Nach dem Click wird immer auch ein Leckerli gegeben.*
- *Die Übungseinheiten sollten kurz gehalten werden, lieber mehrmals täglich.*
- *Das Vorgehen wird stets gut überlegt.*
- *Die Anforderungen werden nur langsam gesteigert.*

Eine Übung, die Spaß macht: Männchen.

Klassische Konditionierung

Die klassische Konditionierung wurde einst von dem russischen Mediziner und Physiologen Iwan Petrowitsch Pawlow 1905 durch sein Experiment mit dem sogenannten »Pawlowschen Hund« zum ersten Mal bewiesen.

Das Experiment

Ein Hund bekommt allein durch die Sicht zu seinem Futter einen ausgiebigen Speichelfluss, der Physiologe kombinierte diesen Reflex mit einer Glocke. Er brachte das Futter und ließ eine Glocke klingeln. Nach einiger Zeit klingelte er mit der Glocke, ohne dass er das Futter herbeibrachte. Bei dem Hund setzte sofort der Speichelfluss ein, ohne dass das Futter zu sehen oder zu riechen war.

Lernmethode

Wissenschaftler stellten fast zur selben Zeit (um 1905) fest, dass Katzen durch Ausprobieren Dinge lernen – nach dem Prinzip »Versuch und Irrtum«. Edward Lee Thorndike machte ein Experiment mit hungrigen Katzen. Diese sollten lernen einen Käfig zu öffnen, wodurch sie ans Futter gelangen würden. Erst miauten die Katzen und schmiegten sich dicht an die Gitterstäbe, bis sie zufällig den Hebel bedienten und den Käfig so öffneten. Es dauert nicht lange, bis sie die Bedienung des Hebels mit dem Öffnen der Käfigtür verknüpfen konnten und sie bewusst öffneten. Auch hier wurde die klassische Konditionierung bewiesen, denn durch das Bedienen des Hebels wurden die Katzen mit Futter belohnt. Das Futter hat also den Lernprozess verstärkt.

Wie setzen Sie das zu Hause um?

Sie benötigen lediglich einen handelsüblichen Clicker und kleine Leckerlis zur Belohnung. Als erstes muss die Katze lernen, dass der Click bedeutet: »Hey, das hast du richtig gemacht, gleich kommt die Belohnung.« Der Click-Ton soll mit der Gabe eines Leckerlis verknüpft werden. Dazu nimmt man ca. 10–15 Leckerlis, am besten welche, die die Katze besonders gerne frisst. Sie sollten nicht zu groß sein, damit sie rasch verzehrt werden können und nicht so schnell satt machen. Bei sehr jungen Katzen empfiehlt es sich, zunächst mit einer kleineren Anzahl von Leckerlis zu üben, da sie sich noch nicht so lange konzentrieren können.

Verschiedene Clicker-Modelle: oben links: PET Clicker, unten links: lauter Clicker, rechts: Clicker mit Targetstab.

Clicker und Leckerlis werden zur Konditionierung eingesetzt.

Nehmen Sie sich Ihren Clicker und setzten sich vor Ihre Katze. Nun clicken Sie und schon gibt es das erste Leckerli. Geben Sie das Leckerli schnell, denn die Katze soll ja lernen, dass das Clickgeräusch die Gabe von Futter bedeutet. Das machen Sie mit allen 10–15 Leckerlis. Die meisten Katzen haben dann schon begriffen, dass nach dem Clickgeräusch eine Belohnung erfolgt und schauen schon ungeduldig, wo diese bleibt.

Sollten Sie das Gefühl haben, Ihre Katze hat es noch nicht verstanden, wiederholen Sie einige Stunden später die Übung erneut. Erst wenn die Verknüpfung sitzt, sollten Sie zu den nächsten Übungen weitergehen. Da jede Katze ihr eigenes Lerntempo hat, sollten Sie Ihrer Katze die Zeit geben, die Sie braucht.

Warum wird meist ein Clicker genutzt?

Einen Clicker gibt es in vielen verschieden Varianten: laut, leise, mit Target (wird im Buch ebenfalls erläutert), mit zwei Tönen usw. Doch im Grunde geben sie alle ein Knackgeräusch von sich. Da dieses Clicken schneller ist als jedes ausgesprochene Wort, eignet es sich hervorragend für die Arbeit mit Tieren. Denn wenn das Tier das gewünschte Verhalten zeigt, können Sie punktgenau bestätigen. Dadurch versteht Ihr Tier ganz schnell, welches das richtige Verhalten ist. Man kann auch mit einer Pfeife arbeiten, dies kennen viele von Ihnen sicher schon aus der Arbeit mit Delphinen.

Für eine gehörlose Katze eignet sich am besten eine Taschenlampe. Anstelle des Clicks wird hier kurz mit der Lampe aufgeleuchtet, aber bitte nicht direkt in die Augen. Bei gehörlosen Tieren sind alle anderen Sinne wesentlich geschärfter, weshalb Sie das Leuchten sehr gut wahrnehmen.

Eine aufmerksame Katze schaut zur Hand und wartet auf den Click.

Die Vorteile eines Clickers

- *Punktgenaue Bestätigung.*
- *Klein und handlich.*
- *Es gibt ihn in vielen Varianten, so ist für jeden etwas passendes dabei.*
- *Nicht zu laut (es gibt für empfindliche Katzen leise Clicker).*
- *Das Geräusch bleibt immer das gleiche, sodass auch mehrere Personen mit einem Tier üben können.*

Der Click und seine Bedeutung

Sie haben Ihre Katze auf den Click mit der »klassischen Konditionierung« trainiert. Das heißt, Ihre Katze weiß nun, dass nach einem Click ein Leckerli kommt. Der Click allein ist noch keine Belohnung.

Einige denken, dass man das Leckerli nach einiger Zeit einfach weglassen kann, das sehe ich aber ganz anders und werde es Ihnen an folgendem Beispiel erklären:

Sie haben eine ängstliche Katze und einen neuen Gegenstand, die Katze muss ihre Scheu davor also erst einmal überwinden. Da die Katze das Clickern bereits kennt und weiß, dass nach dem Click eine Belohnung folgt, hat sie einen Anreiz, sich weiter vorzuwagen. Sie wird von Click zu Click zunehmend mutiger. Ohne das Clickern würde die Katze dagegen wohl nie diesen Gegenstand erkunden. Wenn man dieser Katze nun nach einiger Zeit die Belohnung nach dem Click vorenthält, wird sie in ihr altes Muster fallen und den neuen Gegenstand vor lauter Scheu umgehen. Dasselbe gilt auch für die meisten älteren Katzen. Meine Trixy ist 12 Jahre alt und inzwischen nicht mehr sehr neugierig. Sie geht nicht einfach in einen Karton, den ich ihr vor die Nase stelle, wie es meist jüngere Katzen tun. Das bedeutet, dass ich nun mit ihr Click für Click erarbeiten muss, dass sie in diese Kiste steigt. Nehme ich ihr die Belohnung weg, fehlt ihr ganz einfach die Motivation. Sie wird sich vor die Kiste setzen und denken: »Mach mal Frauchen, aber ohne mich«.

Fragen Sie sich, warum das Clicken überhaupt Teil des Ablaufs ist? Warum geben wir der Katze nicht gleich einfach das Leckerli, wenn sie etwas richtig befolgt hat? Warum wird überhaupt erst geclickt? Die Erklärung ist einfach: Weil der Click im richtigen Moment sehr viel schneller erfolgen kann, als ein Leckerli zu reichen. Der Click muss aber nicht für immer als Zeichen der Bestätigung genutzt werden. Viele nutzen den Clicker, um der Katze etwas Neues beizubringen, daher kann man, wenn die Katze diesen Trick richtig kann, auch wieder abbauen. So müssen Sie sie nicht jedes Mal belohnen, wenn Sie mal vor Ihren Freunden oder der Familie eine kleine Trickvorführung veranstalten. Allerdings sollten Sie Ihre Katze zwischendurch immer mal belohnen, damit die Motivation nicht verloren geht.

Das Wichtigste dabei ist, dass Ihre Katze die Tricks richtig gut kennt und kann. Kommandos und Handzeichen muss sie richtig verstehen und umsetzen. Bauen Sie eine Trickshow oder die aneinandergereihten Tricks sorgfältig auf. Beim Üben ist es wichtig, dass Sie Abwechs-

lung ins Training bringen. Eine Trickshow ist nichts anderes als eine lange Verhaltenskette, die später im Buch noch genauer erklärt wird. Achtung: Sie können den Clicker abbauen, aber nicht das Leckerli nach dem Click, denn der Click kündigt immer das Leckerli an!
Loben Sie Ihre Katze verbal, während Sie den Click abbauen, denn nichts ist demotivierender, als nicht gelobt zu werden, wenn man sich große Mühe gibt. Haben Sie eine passive Katze, die beim Clickern eher schlecht mitmacht, rate ich Ihnen, das Clicken gar nicht abzubauen.

Der Primärverstärker

In der Natur ist dies das reine Überlebenstraining für Katzen, denn sie muss genau wie jedes andere Lebewesen erst lernen, wie sie die angeboren Verhaltensweisen am besten, schnellsten und effektivsten zur Jagd einsetzt. Eine Katze wird also bei der Jagd ihr angeborenes Verhalten anwenden. Je mehr sie übt, desto besser wird sich das Verhalten entwickeln und die Motorik verfeinern. Sie kommt der Maus von Mal zu Mal näher, was letztlich mit dem Fangen der Maus erfolgreich belohnt wird. Mit der Belohnung, also einem leckeren Bissen zu Fressen, wurde ein primärer Verstärker befriedigt. Verstärker sind alles Dinge, die eine Befriedigung geben. Primär sind sie deshalb, weil sie ohne Umwege befriedigen.

Verstärker führen also dazu, wie im Beispiel mit der Maus, dass die Katze ihr Verhalten immer wieder wiederholt. Dies beweist, dass Katzen mit einer Lernfähigkeit ausgestattet sind, die wir für ein erfolgreiches Clickertraining brauchen. Dies macht auch deutlich, dass es mit jeder Katze möglich ist, wenn man nur den richtigen Verstärker findet.

Die drei lebenswichtigsten Verhaltensweisen von Katzen sind das Schlafen, Fressen und Spielen.

Die richtige Belohnung finden

Nun möchte ich Ihnen Hilfestellung bei der Suche zu dem richtigen Leckerli geben. Die Auswahl kann ganz entscheidend für das Interesse am Clickertraining sein. Was ist wichtig, welches ist das beste Futter? Diese Fragen sind nicht so einfach zu erklären, denn jede Katze ist einzigartig und jede hat ihre eigenen Vorlieben. Es liegt an Ihnen, diese herauszufinden. Sicher müssen Sie bei der Vielfalt auf dem Markt zunächst einiges ausprobieren. Alles, was Ihre Katze frisst, schreiben Sie sich auf. Bei den richtigen Leckerlis geht es erst einmal ausschließlich darum, dass sie der Katze schmecken und sie sie auch verträgt. Es ist natürlich immer schöner, wenn diese auch gleichzeitig gesund sind.

- *Nassfutter*
- *Trockenfutter*
- *Kittenfutter*
- *Wurst*
- *Käse*
- *Obst*
- *Gemüse*
- *Milchprodukte (Achtung: Viele Katzen haben eine Unverträglichkeit!)*
- *Fisch*
- *Fleisch (kein Schwein)*
- *Hundefutter*
- *Malzpasten*
- *Vitaminpasten*
- *Trockenfleisch*

Testen Sie in Ruhe durch, was Ihrer Katze schmeckt. Erstellen Sie sich eine Liste. Nun werden Sie anhand der auf Ihrer Liste stehenden Leckerlis herausfinden, was Ihre Katze am liebsten frisst. Dazu nehmen Sie drei Lebensmittel aus der Liste und legen sie in einer Reihe aus. Lassen Sie nun Ihre Katze aussuchen, was sie am liebsten mag. Das erste, was sie frisst, wird sie am liebsten mögen. Diesen Vorgang wiederholen Sie mit allen Lebensmitteln. Irgendwann bleibt das Lieblingsfressen Ihrer Katze über.

TIPP

Manche Katzen werden ganz aufgedreht, wenn es um das Lieblingsfutter geht. Sie fangen an danach zu hauen, werden ungeduldig und arbeiten nicht richtig mit. Hier wäre wichtig, nicht das beste Leckerchen zu wählen, sondern eins, was nicht die erste Wahl ist, aber trotzdem gerne gefressen wird.

Jede Katze hat ein Lieblingsleckerli.

Nutzen Sie ruhig mal eine andere Art der Belohnung – das Spielen.

Auch Streicheleinheiten werden gerne zur Motivation genutzt.

Nun haben Sie zunächst herausgefunden, was Ihre Katze am liebsten frisst, bzw. mit welchem Belohnungsleckerli sie am eifrigsten mitarbeitet, doch es gibt noch weitere Möglichkeiten, als nur mit Futter zu belohnen. Der Click funktioniert auf der Basis der klassischen Konditionierung: Click = Belohnung. Die Belohnung muss nicht zwangsläufig ein Leckerli sein, so lange die Katze versteht, dass nach dem Click etwas Tolles folgt. Also müssen wir uns nur Gedanken machen, was unsere Katze gerne macht. Fertigen Sie dazu am besten wieder eine Liste an, beobachten Sie Ihre Katze: was tut sie gern, woran hat sie Spaß im Alltag. Hier einige Beispiele von mir:

- ***Streicheln***
- ***Kopfkraulen***
- ***Kinn kraulen***
- ***Bürsten***
- ***Spielen***
- ***Jagen***
- ***Leckerlis suchen***
- ***Kauen / Rumknabbern***

Sie können all diese Dinge als Belohnung einsetzen, kraulen Sie Ihrer Katze beispielsweise nach dem Click das Kinn. Bei denjenigen, die Gewichtsprobleme haben oder die nicht so gerne fressen, ist dies eine sehr gute Möglichkeit trotzdem zu clickern. Katzenbesitzer mit dickeren Katzen klagen

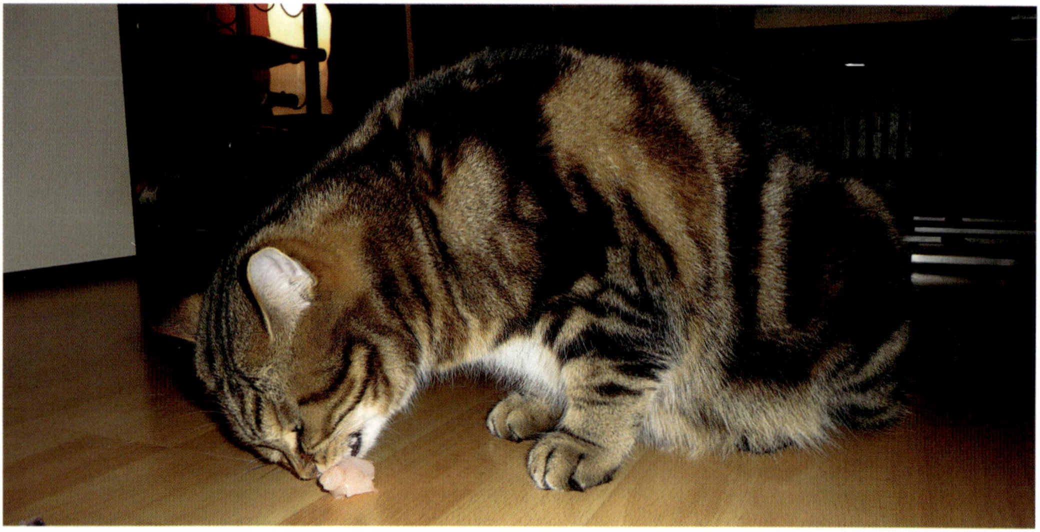

Ein Jackpot dient als Belohnung für hervorragende Leistungen.

oft, dass die Katzen nichts anderes mögen als Leckerlis, dann nutzen wir dies doch und bauen dank der klassischen Konditionierung eine Alternativ-Belohnung auf. Wie das geht, erfahren Sie im Kapitel 2.

Jackpot und Abbruchsignal

Ein Jackpot ist ein besonders schmackhaftes Leckerli oder auch eine größere Menge normaler Leckerlis – eben etwas ganz Besonderes. Wenn Sie Ihrer Katze einen besonders schweren Trick beibringen, wird sie nicht so viele Clicks erhalten, wie bei den leichteren Tricks. Daher ist es wichtig, dass Ihre Katze merkt, dass es sich trotzdem lohnt weiterzumachen. Erreichen kann man dies dann durch die Gabe eines Jackpots.

Shapen bedeutet, dass die Katze einen Trick lernt, ohne gelockt zu werden. Sie muss ganz alleine herausfinden, was Sie von ihr wollen.

Wenn sich Ihre Katze also nach einiger Zeit wieder einen Click verdient hat, gibt's nicht wie gewohnt ein normales Leckerli, sondern eine Jackpot-Belohnung. Also lohnt es sich weiterzumachen, das Durchhaltevermögen wird bestärkt. Der Jackpot steht für besondere Leistungen. Denken Sie daran, dass Ihre Katze Gutes geleistet hat, dies ist der richtige Moment, um das Clickertraining zu beenden. Denn wenn es am schönsten ist, sollte man aufhören. Es ist wichtig, dass die Katze positiv aus dem Training entlassen wird, damit sie nicht die Motivation verliert und beim nächsten Mal wieder genauso freudig mitarbeitet.

Für viele Katzen ist es wichtig, zu wissen, wann die Übungseinheit zu Ende ist. Dazu führt man ganz einfach ein kleines Ritual ein, das immer die Beendigung der Übung signalisiert. Sagen Sie beispielsweise ein Codewort, dann wird gestreichelt und gekuschelt.

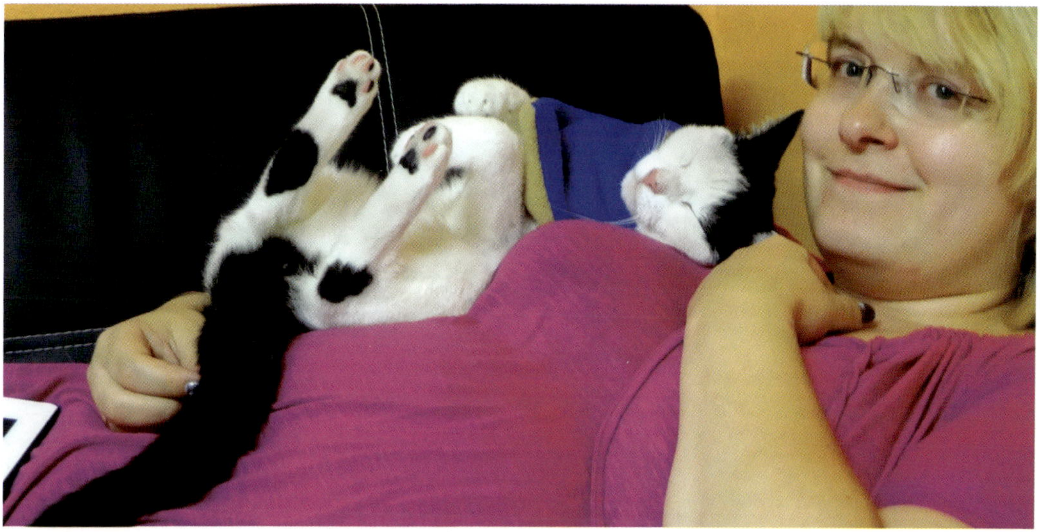

Kuscheleinheiten tun nach getaner Arbeit besonders gut und können auch als Belohnung eingesetzt werden.

Schaffung eines Sekundärverstärkers

Der Sekundärverstärker ist ein Versprechen, dass einem Primärverstärker gleichkommt. Jeder kennt solche Situationen aus dem Alltag: Sie rascheln mit der Leckerlitüte und Ihre Katze steht schon mauzend neben Ihnen. Sie kennt diese Geräusche nämlich ganz genau: Es kündigt an, dass gleich eine Befriedigung auf ein spezielles Bedürfnis gestillt wird. Ihr Clicker ist auch ein Sekundärverstärker, er kündigt an, dass gleich der Heißhunger nach Leckerlis gestillt wird.

Shapen und Target

Shapen = Ein Verhalten formen

Shapen ist eine Trainingsmethode, bei der die Katze lernt mitzudenken. Sie muss alleine herausfinden, was zu tun ist. Dadurch wird sie in ihrer Kreativität und ihrer körperlichen Fitness gefordert. Beim Shapen gibt man keine Kommandos, sondern lässt die Katze einfach machen. Freies Shapen ist für Katzen mehr als nur geeignet, da die meisten von Natur aus neugierig sind und Gegenstände sofort erkunden, wenn man sie ihnen zeigt. Als Beispiel: Man stellt eine Kiste oder sonst einen Gegenstand ins Zimmer und setzt sich daneben. Man beginnt mit einem Startwort, ich selbst sage zum Beispiel »Action«. Alles, was die Katze an Verhalten zeigt, wird geclickert: das Schauen auf den Gegenstand, das Hingehen zum Gegenstand, das Berühren des Gegenstandes. Alles wird mit einem Click prämiert, aber es wird kein Kommando gegeben. Durch das Shapen wird die Katze anbieten, was ihr am besten gefällt. Nehmen wir als Beispiel, dass sie immer an der Kiste riecht. Daraus kann sich entwickeln, dass sie die Kiste mit dem Kopf schiebt, weil sie angefangen hat, sich daran zu reiben. Da wir das Reiben an der Kiste verstärken wollen, haben wir das Riechen nicht mehr geclickt, sondern gewartet, bis die Katze sich wieder daran reibt. Dafür gab es dann wieder eine Belohnung. Wichtig beim Shapen ist, dass Sie kein genaues Trainingsziel vor Augen haben, denn Ihre Katze wird nicht Ihre Gedanken lesen können. Der Sinn des Shapens ist, dass die Katze in kleinen Schritten lernt, ihr Verhalten zu entwickeln. Der Mensch muss wieder einmal mehr zeigen, dass er sich gedulden kann. Wenn die Katze gelernt hat, dass man sie machen lässt und das bestätigt wird, wird sie immer mutiger und erfinderischer werden.

Das Targettraining ist ein wichtiger Bestandteil beim Clickern, weil wir unserer Katze zeigen können, wie und wo lang sie laufen, sich drehen, oder schauen kann. Die gängigsten Targets sind das Nasentarget, das Bodentarget und das Körpertarget.

Sie fragen sich, warum man die Katze mit einem Target besser lenkt und steuert, als mit einem Leckerli? Dem Leckerli folgt sie schon, denn sie möchte es ja haben. Das bedeutet, Ihre Katze achtet nicht mehr auf ihre Umwelt, sobald sie das Leckerli fixiert hat. Ihre Gedanken, Augen und andere Sinne sind geschärft, um an das Leckerli zu kommen, also ist kein Platz mehr, um die Gedanken wieder zum Clickern zu bringen.

Bringen wir der Katze aber bei, einem Stab zu folgen, oder zu einem Gegenstand zu laufen, kann Ihre Katze die Umwelt wahrnehmen und merkt, dass sie z. B. gerade über einen dünnen Balken balanciert.

Das Warten aufs Fressen fällt nicht leicht.

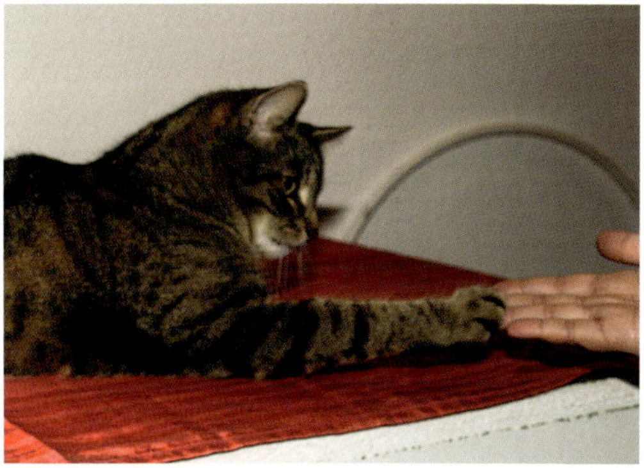

Die Übung »Platz« kann leicht zu »Seite« weiterentwickelt werden.

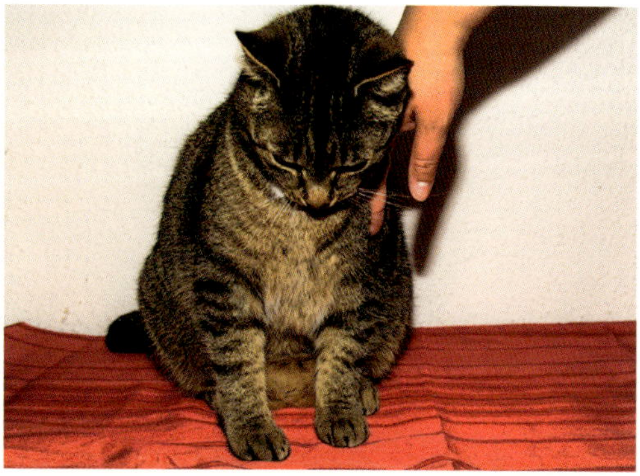

Körpertarget – die Katze drückt sich leicht gegen die Hand.

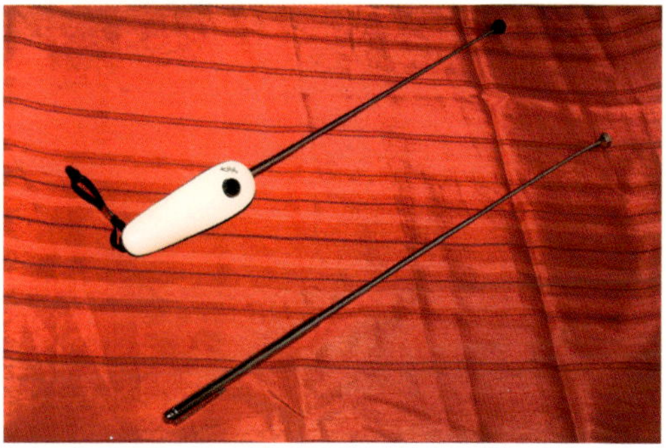

Nasentarget zum Führen.

Bodentarget.

Die Vorteile des Target

- *Die Umwelt wird wahrgenommen.*
- *Keine Unterdrückung von Ängsten.*
- *Keine körperliche Überforderung.*

Je nach Katze kann das Locken mit Leckerlis ziemlich viele Rückschritte beim Clickern bedeuten. Haben Sie z. B. eine ängstliche Katze, die ihre Angst nur überwindet, weil sie an das Leckerli möchte, kann es sein, dass sie erst beim Erhalt des Leckerlis versteht, was sie hier gerade gemacht hat. Ob sie noch einmal ihre Kontrolle so abgibt und dem Leckerli noch wieder so folgen wird, ist sehr unwahrscheinlich, denn zum Überwinden von Angst gehört weit mehr als sich locken zu lassen. Als Beispiel: Viele Katzen haben Angst vor Wasser, sie mögen es nicht zu baden. Sie wollen, dass Ihre Katze von einem Stuhl zum anderen geht, darunter steht eine Wanne mit viel Wasser. Locken Sie die Katze mit ihrem Lieblingshappen, sie wird über das Brett rennen, ohne das Wasser auch nur zu bemerken. Erst nach dem Verspeisen des Leckerlis sieht die Katze das Wasser. Was denken Sie, wird sie sich freuen über den Anblick? Wird sie sich darüber freuen, dass Sie sie getäuscht

Finja beim Überqueren eines Hindernisses.

haben? Ist das noch positives Clickertraining? Mit der Benutzung eines Targets wird die Katze nicht abgelenkt, sie bekommt ganz genau mit, was sie macht. Wenn Sie nun ganz kleinschrittig ihren Weg belohnen, wird sich Ihre Katze mit dem Wissen, dass sich unter ihr Wasser befindet, den Weg zum anderem Stuhl bahnen. Sie wird aber ebenfalls bemerken, dass ihr nichts passiert. Das gleiche gilt natürlich auch für die Boden- und Körpertargets, auf die wir später genauer eingehen.

Verhaltensketten und Signalverknüpfungen aufbauen

Die Verhaltenskette = verschiedene Handlungen werden in einer Reihenfolge ausgeführt

Manche Tricks bestehen nicht nur aus einem Verhalten, sondern sind Abfolgen von mehreren Verhalten. Ein Beispiel: Ihre Katze soll auf einen Stuhl springen und dort für einen Moment stillsitzen. Dazu muss Ihre Katze als erstes zu dem Stuhl hingehen, dann hinaufspringen, sich hinsetzen und warten – eine Verhaltenskette aus vier Verhalten.

Eine Verhaltenskette fängt man immer von hinten an beizubringen, denn wenn die Katze später die gesamte Kette kann, gibt es den Click immer bei der letzten Übung. Darauf muss die Katze hinarbeiten. Bei unserem Beispiel bedeutet dies, dass die Katze anfängt zu lernen, ruhig sitzenzubleiben. Ob sie das schon gleich an der richtigen Stelle tut, ist erst einmal unwichtig. Wichtig ist aber, dass wir dieser Übung einen Namen geben. Wie das gemacht wird, erkläre ich Ihnen etwas später. Ziel ist es, auf Kommando ruhig zu sitzen. Nur so kann Ihre Katze später auch ruhig auf dem Stuhl sitzen. Sobald Ihre Katze das sicher kann, können Sie mit dem nächsten Glied der Verhaltenskette beginnen. Der Stuhl kommt also ins Spiel. Sie können den Stuhl einfach hinstellen und Ihre Katze durch das Shapen herausfinden lassen, dass es um den Stuhl geht. Durch das Shapen verbinden Sie schon zwei Verhalten aus dieser Verhaltenskette: das Hingehen und das Heraufspringen. Setzen Sie Ihre Katze nicht einfach auf den Stuhl, um dort schon mal das Sitzen zu üben. Das eigene Erarbeiten bringt die nötige Sicherheit, den Trick auch später fehlerfrei und sicher ausführen zu können.

Ihre Katze hat verstanden, dass sie auf den Stuhl springen soll – prima! Nun fügen Sie ein Kommando hinzu, damit auch dieses Verhalten einen Namen bekommt. Jetzt müssen Sie nur noch diese beiden Verhalten zusammenfügen. Lassen Sie Ihre Katze auf den Stuhl springen, clicken und belohnen Sie, lassen Sie Ihre Katze auf dem Stuhl Sitz machen. Clicken und belohnen Sie sie wieder. Ihre Katze wird nach einiger Zeit diese Abfolge ganz genau kennen und bald nach dem Hochspringen kein Sitz-Kommando mehr brauchen. Sie kennt es und setzt sich von ganz allein und wartet auf den Click, den sie am Ende der Übung auch mehr als verdient hat.

Grundlegende Regeln

- *Immer mit dem letzten Verhalten anfangen zu üben.*
- *Erst am Ende der Verhaltenskette erfolgt der Click.*
- *Alle Zwischenschritte bekommen ein Kommando.*
- *Jeder Teilschritt muss sicher sitzen, bevor der nächste geübt wird.*

Signalverknüpfung = Worte bekommen Bedeutung

Sie wollen, dass Ihre Katze auf Kommando oder Sichtzeichen einen bestimmten Trick ausführt? Dann müssen Sie Ihrer Katze helfen, dies auch zu verstehen.

Die wichtigste Grundlage dafür ist, dass Ihre Katze den Trick gut kann. Bleiben wir bei dem oberen Beispiel mit dem Stuhl: Ihre Katze springt nun, sobald sie den Stuhl sieht, hinauf. In dem Moment, in dem Ihre Katze springt, sagen Sie nun das gewünschte Kommando oder zeigen Ihr Sichtzeichen, vergessen Sie aber bitte nicht den Click und die Belohnung. Diesen Schritt müssen Sie eine ganze Weile üben, sodass Ihre Katze merkt, dass beispielsweise das »Hopp« bedeutet:

Der Sprung auf den Stuhl ist Teil einer Verhaltenskette.

»Spring hier rauf.« Nach einigen Tagen können Sie versuchen, das Kommando auch eher zu benutzen. Wenn Ihre Katze weiterhin hochspringt, hat sie verstanden, es in Verbindung mit dem Stuhl zu bringen. Fangen Sie nun an, das Kommando auch in anderen Situationen zu nutzen. Bitten Sie Ihre Katze auf den Tisch zu springen, über ein Kissen oder Ähnliches. Sollte Ihre Katze nicht springen, hat sie das Kommando noch nicht richtig verknüpft. Da müssen Sie dann noch ein mal ansetzen und diesen Schritt häufiger üben.

Conner lernt geduldig auf einem Gegenstand zu sitzen.

Kapitel 2

Nützliches für den Katzenalltag

Das Clickertraining ist nicht nur zum Tricksen gut geeignet, man kann viele alltägliche Dinge damit vereinfachen. Es gibt Katzen, die vor vielen Dingen einfach Angst haben, andere mögen es beispielsweise nicht, gebürstet zu werden oder die Krallen geschnitten zu bekommen. Mit dem Clicker können Sie viele Dinge vereinfachen. Er gibt Ihnen die Möglichkeit, Ihrer Katze die nicht so angenehmen Sachen im Alltag zu verschönern.

Bürsten und Krallen schneiden
Rückruf
Spielen ohne Krallen
Angstbewältigung
Zusammenführung von zwei Katzen
»Nein«
Möbelkratzen
Benutzen einer Katzenklappe
Transportbox-Training

Die Auswahl der Pflegeutensilien ist von Tier zu Tier unterschiedlich.

Bürsten und Krallen schneiden

Einige Katzen mögen es gar nicht, wenn ihnen Herrchen oder Frauchen mit einer Bürste oder einem Kamm zu nahe kommt. Man kann eine Katze aber daran gewöhnen, dass das gar nicht so schlimm ist. Das funktioniert natürlich auch mit dem Clicker. Etwas weniger Positives wird positiv geclickert. Dies setzt voraus, dass Sie Ihre Katze kennen. Sie können also erkennen, wann Ihre Katze sich wohl fühlt oder nicht. Können Sie noch nicht erkennen, ob sich das Verhalten ins Negative ändert, beobachten Sie ihre Katze eine Weile. Kratzen und Beißen ist bereits eine starke Reak-

TIPP

- ***Kaufen Sie eine neue, sehr weiche Bürste.***
- ***Diese Übung kann auch während der Fütterung gemacht werden.***
- ***Achten Sie auf die Körpersprache Ihrer Katze: große Pupillen bedeuten, dass sie Angst hat.***
- ***Zeigt Ihre Katze gar kein Interesse an der Bürste, können Sie sie interessanter machen, indem Sie sie beispielsweise mit Futter einreiben.***

tion, der Warnungen vorausgehen, beispielsweise legt sie bereits die Ohren an, zieht die Pfoten ein, spannt den gesamten Körper an und vieles mehr.

Fangen Sie an, wenn Ihre Katze neben Ihnen liegt. Nehmen Sie Ihre Hand und streicheln Sie Ihre Katze von Kopf bis Schwanz. So, wie Sie sie auch bürsten würden. Clicken Sie dies und belohnen Sie Ihre Katze. Nach einigen Tagen können Sie die neue, weiche Bürste einfach schon einmal neben sich legen, achten Sie darauf, dass Ihre Katze die Bürste akzeptiert. Sollte sie das nicht wollen, legen Sie die Bürste noch weiter weg und lassen sie allmählich immer näher kommen. Ist Ihre Katze völlig entspannt beim Streicheln, können Sie ihr nun die Bürste zeigen. Ein Blick? Ein Schnuppern? Ein Daranreiben? Alles wird geclickt! Vergessen Sie den Jackpot nicht, Ihre Katze macht das prima.

In der nächsten Übungseinheit fangen Sie wieder damit an, Ihrer Katze einfach die Bürste zu zeigen. Lassen Sie sich nicht verleiten, Ihre Katze nun schon zu bürsten. Lassen Sie Ihre Katze zwei-, dreimal daran riechen, sich reiben oder schnuppern und bestätigen dies wieder mit dem Clicker. Nehmen Sie nun die Bürste und halten Sie sie für eine Sekunde an das Kinn oder an die Schulter, diese Stellen sind für die meisten Katzen nicht so schlimm. Clicken Sie sofort. Steigern Sie über mehrere Tage die Zeit. Clicken

Die Fellpflege steigert den Wohlfühlfaktor enorm.

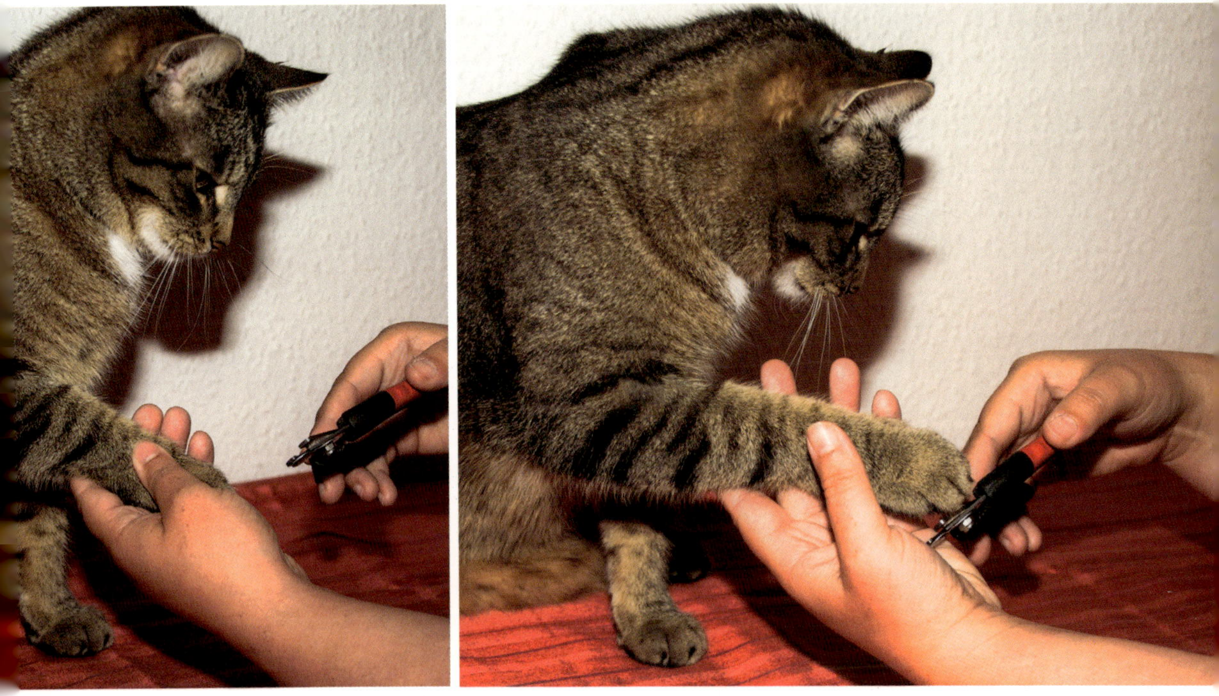

Krallenschneiden ist eine Vertrauenssache. Die Katze muss lernen, die Krallenschere zu akzeptieren.

Sie immer, wenn Ihre Katze sich ruhig verhält. Wichtig ist, dass Sie immer clicken, ***bevor*** es für Ihre Katze unangenehm wird, denn Sie wollen ja erreichen, dass Ihre Katze das Bürsten als angenehm empfindet. Steigern Sie das Bürsten immer und immer mehr, aber in vielen kleinen Schritten.

Das Krallenschneiden verläuft sehr ähnlich. Tippen Sie das Pfötchen leicht an. Jedes Akzeptieren wird sofort belohnt. Achten Sie darauf, dass Sie nicht die falsche Reaktion clicken, wie z. B. das Wegziehen der Pfote, das Abwenden von der Bürste usw. Steigern Sie sich langsam und über mehrere Tage, bis Sie die gesamte Pfote in die Hand nehmen können.
Legen Sie nun die Krallenschere daneben, sodass Ihre Katze keine Angst vor der Schere entwickeln kann. Deuten Sie am Anfang nur an, dass Sie schneiden. Berühren Sie mit Ihrem Finger die Kralle der Katze. Wenn Sie sie beim Stillhalten sehr belohnen, wird Ihre Katze nach ein paar Tagen oder Wochen keine Probleme mehr mir dem Krallenschneiden haben.

Rückruf

Das Wichtigste beim Rückruf ist der Name des Tieres. Wenn Sie Ihre Katzen 150 Mal am Tag mit ihrem Namen ansprechen, ist dieser Name nicht mehr nutzbar. Die Katze hat in diesem Fall gelernt, dass nach Ausruf des Namens nichts weiter passiert. Daher brauchen wir für den Rückruf einen schönen neuen Spitznamen. Sollten Sie den richtigen Namen nicht so häufig benutzen, können Sie natürlich den richtigen

Das Rückruftraining zahlt sich in vielen Situationen aus.

Namen der Katze verwenden. Tragen Sie in den nächsten Tagen immer Ihren Clicker und ein paar Leckerlis bei sich. Sobald Ihre Katze im Alltag auf Sie zukommt, clicken und belohnen Sie sie. So lernt die Katze, dass es sich lohnt, bei Ihnen zu sein. Nach einigen Tagen können Sie versuchen, Ihre Katze zu rufen. Dazu sollte diese nicht abgelenkt sein und der Abstand zu Ihnen sollte am Anfang nicht zu groß sein. Bitte rufen Sie sie nur einmal! Kommt die Katze, clicken und belohnen Sie sie. Kommt die Katze nicht, können Sie versuchen, sie zu locken (beispielsweise reiben Sie mit den Fingern). Kommt sie dann, wird ebenfalls geclickt und belohnt. Kommt sie dennoch nicht, gehen Sie wieder einen Schritt zurück und versuchen das Ankommen wieder mehr im Alltag einzufangen. Dies üben Sie so lange, bis Ihre Katze zuverlässig zu Ihnen kommt. Sobald sie das tut, können Sie auch die Anforderungen steigern. Vergrößern Sie den Abstand, die Katze darf auch mal abgelenkt sein. Je mehr und je kreativer man den Rückruf übt, umso besser wird er mit der Zeit.

Spielen ohne Krallen

Junge Katzen spielen meist noch sehr grob, man muss ihnen erst zeigen, dass die menschliche Hand kein Spielzeug ist. Nehmen Sie sich das Lieblingsspielzeug Ihrer Katze und Ihren Clicker, bieten Sie dann Ihrer Katze das Spielzeug an. Setzt sie zum Spielen an, clicken Sie und belohnen dies mit einer ausgiebigen Spieleinheit.

Sobald Ihre Katze mit Ihrer Hand spielen möchte, brechen Sie das Spiel kommentarlos ab. Es wird einige Zeit dauern, bis Ihre Katze versteht, dass sie Ihre Hand aus dem Spiel heraushalten soll.

Sollte Ihre Katze sich verstecken und auf Sie lauern, um Sie dann anzugreifen, liegt dies meist daran, dass Ihre Katze Aufmerksamkeit sucht. Indem sie Sie angreift, bekommt sie diese Aufmerksamkeit. Lasten Sie Ihre Katze mehr aus, damit sie sich diese unschöne Angewohnheit abgewöhnt.

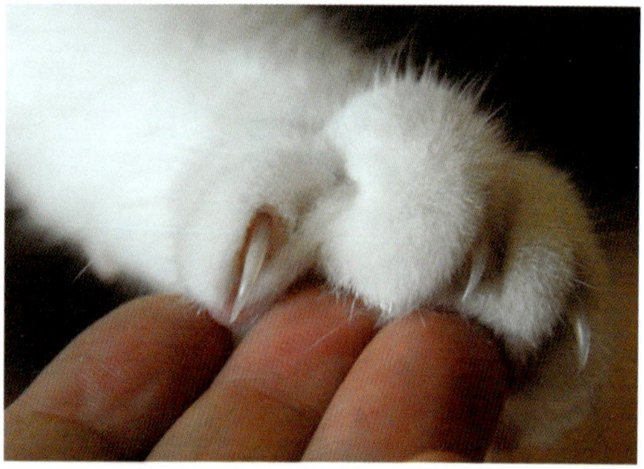

Nicht immer gleich die Krallen zeigen!

Artgerechtes Spielzeug will gut ausgesucht sein.

Angstbewältigung

Bei der Angstbewältigung sollten Sie zunächst wissen, wie Ihre Katze aussieht, wenn sie Angst hat. Sie müssen die Körpersprache kennen, um beurteilen zu können, ab wann es Ihrer Katze zu viel wird. Eine weitere wichtige Grundlage ist, dass Ihre Katze keine Angst vor dem Clicker hat. Ihre Katze hört wesentlich lauter als Sie, daher kann es sein, dass sie dieses laute Knackgeräusch erschreckt. Es gibt im Handel mittlerweile leise Clicker, Sie können das Geräusch aber auch dämpfen, indem Sie beispielsweise in der Hosentasche clicken. Ist dies auch noch zu laut,

Merkmale von Angst

- *Große Pupillen*
- *Angelegte Ohren*
- *Geduckte und/oder angespannte Körperhaltung*
- *Eingezogener Schwanz*
- *Aufgestellte Nacken- und Rückenhaare*
- *Fauchen*
- *Spucken*

können Sie auch einfach einen Kugelschreiber nehmen.

Katzen leben durch Überwinden ihrer Angst wesentlich stressfreier. Ein Leben mit Angst bedeutet, dass Ihre Katze ernsthafte psychische und körperliche Krankheiten und Verhaltensprobleme entwickelt kann. Sich zurückzuziehen, nicht mehr zu spielen bis hin zu Unsauberkeit gründen nicht selten auf Angst. Beobachten Sie die stressigen Situationen genau, je nach Angst ist es nicht möglich, Ihre Katze mit Futter zu belohnen, da sie bei großer Angst nur noch mit Flucht oder Kampf reagiert. Also macht es durchaus Sinn, dass sie sich entfernen darf. Ihre Katze setzt sich mit ihrer Angst auseinander, dafür bekommt sie den Click und als Belohnung darf sie aus der Situation wieder raus.

Gewöhnen Sie sie ganz langsam und mit sehr viel Geduld daran, dass die Angstsituationen nicht so schlimm sind. Bei Angst vor Menschen clicken Sie und entfernen sich wieder aus der Situation. Seien Sie selbst dabei immer ganz entspannt. Denn auch Ihre Körpersignale tragen dazu bei, wie es Ihrer Katze geht. Sobald diese sich nicht mehr ganz so sehr fürchtet, können Sie auch mit Futter belohnen und ganz langsam die Reizintensität steigern.

Zusammenführung von zwei Katzen

Sie haben Katzen, die sich nicht so gut verstehen oder wollen Ihre Katze mit einem anderen Tier zusammenbringen? Dann gibt es die Möglichkeit, diese durchaus stressige Situation mit der Begleitung des Clickers angenehmer zu gestalten. Grundvoraussetzung hierfür ist lediglich, dass beide Tiere den Clicker bereits kennen.Bei Tieren, die sich nicht gut verstehen, ist es ganz

Ängstliche Katzen suchen oft natürlichen Schutz.

Katzenharmonie – die Zusammenführung hat geklappt.

wichtig, eine sichere Trennung zu schaffen, dies kann z. B. eine geschlossene Tür sein. Diese räumliche Trennung sollte auch im Alltag bleiben, bis sich die Tiere verstehen. Da Katzen einen wunderbaren Geruchssinn haben, wissen sie trotz verschlossener Tür, dass auf der anderen Seite ein anderes Tier sitzt. Trainieren Sie also bitte immer sicher, denn sobald sich die Tiere nicht mehr sicher fühlen und Angst haben, können sie nicht trainieren. Sobald sie Angst haben, haben Sie nur noch Flucht oder Verteidigung im Kopf. Wenn ein Tier selbst an der geschlossenen Tür Angst hat, gehen Sie weiter weg von der Tür. Geben Sie Ihrem Tier genug Freiraum, sodass beide Tiere entspannt und damit auch lernbereit sind. Beide Personen und Tiere haben also nun einen geeigneten Ort gefunden, dann kann es losgehen.

Ihre Katze ist ruhig und entspannt, obwohl ein anderes Tier hinter der Tür ist und genau dies clickern Sie mehrere Tage. Ist die Katze nicht entspannt, geben Sie ihr mehr Freiraum. Wichtig ist, sich hier Zeit zu nehmen, clickern Sie lieber mehrere Tage den Wohlfühlstand, als dass Sie zu früh den nächsten Schritt machen. Sobald sich beide Tiere hinter der geschlossenen Tür wohlfühlen, können Sie einen Schritt weitergehen. Öffnen Sie die Tür einen ganz kleinen Spalt. Achten Sie aber bitte darauf, dass keine Katze oder das andere Tier entwischen kann und auf die andere Seite kommt.

Die ersten vorsichtigen Blickkontakte bei der Vergesellschaftung.

Beide Tiere sollen sich entspannen, was durch einen Angriff nicht mehr gehen und die ganze Übung damit zunichtemachen würde. Clickern Sie nun also wieder das Entspannen. Wenn ein Tier nicht entspannt, lassen Sie die Tür trotzdem auf, aber gehen Sie mit der Katze weiter weg. Hilft das auch nicht, waren Sie zu schnell. Gehen Sie dann wieder einen Schritt zurück.

Klappt es weiter weg, näher Sie sich ganz langsam der Tür. Wenn beide Tiere entspannt an der offenen Tür sitzen, können Sie wieder einen Schritt weiter gehen. Öffnen Sie die Tür etwas weiter. Das ganze wiederholen Sie, bis die Tür offen ist und beide Tiere sich sehen können und entspannt sind. Auch hier ist es wichtig, Ruhe zu bewahren. Reagieren Sie nicht hektisch. Die Tiere erkennen auch an Ihnen, ob alles in Ordnung ist oder ob sie auf der Hut sein sollten.

»Nein«

Hier lernt die Katze den Begriff »Nein« und auch, dass sie sich gedulden muss. Ihre Katze frisst Ihnen beim Belohnen fast die halbe Hand auf? Sie kratzt nach Ihrer Hand, wenn Sie ihr das Leckerli nicht schnell genug geben? Dann wird es Zeit für die Impulskontrolle.
Setzen Sie Ihre Katze vor sich. Legen Sie ein Leckerli auf den Boden. Legen Sie Ihre Hand auf das Leckerli. Ist Ihre Katze zu grob und kratzt an Ihrer Hand rum, ziehen Sie sich bitte Handschuhe an, denn Katzenkratzer sind gefährlich. Wenn die Katze nun versucht an das Leckerli zu kommen, sagen Sie »Nein«. Je nach Katze und Ausdauer kann dieser Versuch ein bisschen Zeit brauchen. Sobald die Katze aufgibt an das Leckerli zu kommen, clickern Sie und geben ihr das Leckerchen.

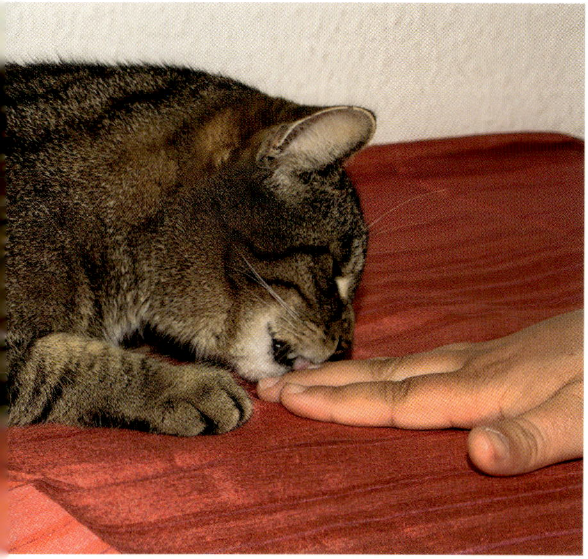

Phine ist noch in der Lernphase.

Diese Übung wiederholen Sie so oft, bis Ihre Katze das »Nein« verstanden hat und das Leckerli in Ihrer Hand nicht anrührt, bis Sie clicken. Sie können dann Steigerungen initiieren, indem Sie das Leckerli nicht mehr mit der Hand abdecken, dann mehrere hinlegen, die Zeit verlängern, die die Katze bis zum Click warten muss, dichter an die Katze heranlegen und so weiter. Wichtig ist aber, dass die Katze zuerst begreift, dass sie warten muss. Wenn Sie »Nein« sagen, muss sie sich gedulden .

In dem zweiten Teil der Übung geht es darum, dass die Katze sich sogar von den Leckerlis abwendet.

Gerade wenn Ihre Katze immer zu den Leckerchen starrt und sich nicht auf die Übung konzentriert, ist dies eine gute Übung um ihr zu zeigen, dass es sich lohnt, sich von den Leckerlis abzuwenden. Wichtig ist, dass Ihre Katze das Bodentarget schon gut kennt.

Fangen Sie leicht an, legen Sie das Bodentarget dicht neben Ihre Katze, so wie sie es vom Bodentarget kennt. Lassen Sie sie 2–3 Mal das Target zur Wiederholung antippen. Wenn die Übung gut klappt, stellen Sie nun Ihre Leckerlidose etwas weiter weg auf den Boden aber gut sichtbar für Ihre Katze. Lassen Sie sie nun wieder ein paar Mal das Target berühren. Klappt auch dies sehr gut, können Sie wieder einen Schritt weiter gehen. Klappt diese Übung nun nicht mehr so

Finja kann bereits auf das »Nein« hören.

gut wie vorher, üben Sie diesen Schritt einige Tage, sodass sich Ihre Katze an die Leckerlidose gewöhnen kann. Lassen Sie nun das Bodentarget in kleinen Schritten immer weiter weg wandern. Ihre Katze muss sich nun von den Leckerlis abwenden und zum Bodentarget gehen. Diese Übung sollte man nicht unterschätzen, für die Katze ist es sehr schwierig, sich von der Belohnung erst abzuwenden, um diese dann zu bekommen. Doch wenn sie es einmal begriffen hat, dass es sich lohnt, sich abzuwenden, wird sie dies bereitwillig tun, um an ihr verdientes Leckerchen zu kommen.

Möbelkratzen

Katzen kratzen nun mal, und leider oft an den falschen Stellen. Zu leiden hat dann schnell die schöne Einrichtung wie Couch, Stühle oder Teppiche. Um das Kratzen gezielt auf den Kratzbaum zu beschränken, ist es wichtig zu verstehen, warum unsere Katzen so viel kratzen. Viele Herrchen und Frauchen denken, dass sie es nur tun, um sich die Krallen abzuwetzen. Die Katzenkrallen entsprechen beim Menschen den Fingernägeln und sind aus mehreren Schichten aufgebaut. Bei den Katzen löst sich immer mehr die oberste Hülle, bis sie komplett abfällt.

Die Versuchung ist groß – dies ist eine der schwierigsten Übungen zum Thema »Nein«.

Mia und Trixy bei der Krallenpflege – jede tut es auf ihre eigene Art.

Diese Hülle löst sich, weil sie stumpf geworden ist. Mit dem Lösen wird die darunterliegende spitze Schicht freigelegt und schon hat die Katze wieder eine scharfe Kralle. Das ist der körperliche und oft auch nur der kleinste Grund, warum Katzen kratzen.

Vielmehr geht es darum, Duftnachrichten zu übermitteln. Katzen, die Freigang haben, kratzen an Baumstämmen oder an aufrechten Pfosten. Während des Kratzens treten dabei Pheromone aus den Drüsen zwischen den Fußballen aus, diese können nur andere Katzen wahrnehmen. Leider haben diese Duftnachrichten keine große Reichweite. Doch auch für dieses Problem haben unsere Fellnasen eine Lösung gefunden: sie kratzen so lange, bis man die Stelle ganz genau sehen kann. Somit zeigen sie quasi den Briefkasten an, in dem die Nachricht enthalten ist. Da die Duftstoffe schnell verfliegen, müssen diese regelmäßig erneuert werden. Reine Wohnungskatzen wollen diesen Bedürfnissen natürlich auch nachgehen. Daher ist es wichtig, dass genügend Kratzmöglichkeiten geschaffen werden. Dieses Markieren ist ein natürliches Imponier- und Komfortverhalten und macht ihnen richtig viel Spaß. Einige Katzen gehen besonders gerne Kratzen, wenn ein Mensch oder ein Artgenosse dabei zuschaut – dies machen sie dann, um ihre Wichtigkeit zu demonstrieren.
Daher sollte der Kratzbaum immer an einem zentralen Ort stehen. Man unterscheidet zwischen Kratzmarkieren, Dominanzkratzen und dem Langeweilekratzen.
Meidet Ihre Katze die Kratzmöglichkeiten, stehen diese eventuell nicht an den passenden Stellen oder sie sind einfach total uninteressant. Jede Katze hat eigene Vorlieben beim Kratzen, Sie müssen nur genau darauf achten und es ihr ermöglichen. Circa 80 % der Katzen haben Interesse

an Katzenminze oder Baldrian, somit können Sie die Kratzmöglichkeiten leicht damit einreiben oder beträufeln. Sollte die Katze genug Kratzmöglichkeiten haben und diese auch ausreichend benutzen, aber Ihre Wand trotzdem regelmäßig zerkratzen, handelt es sich eher um ein Markierproblem, was nicht ganz so leicht aus der Welt zu schaffen ist. Wenn Sie in einem solchen Fall mit der Katze schimpfen, machen Sie die Situation damit nur schlimmer.

Oft sind diese nämlich einfach nur unsicher und markieren daher ihr Revier. Werden Sie nun laut oder gar böse, erreichen Sie nur, dass Ihre Katze noch mehr verunsichert wird, was wiederum zu vermehrtem Kratzen führt, vor allem wenn Sie nicht im Haus sind und sie stören können. Einige Katzen kratzen an den Möbeln, weil sie damit ihre Dominanz bzw. ihre Stärke zeigen wollen. Man konnte mehrfach beobachten, dass nach einem Streit zwischen Katzen der Gewinner erst einmal ausgiebig an einem passenden Gegenstand gekratzt hat, sein Revier also markiert hat. Dieses Verhalten hilft aber auch, das Gemüt wieder runterzufahren. Einige Katzen, vermehrt Kater, zeigen dieses Dominanzverhalten auch gerne gegenüber ihren Menschen.

Katzen, die wenig oder kaum Aufmerksamkeit bekommen, kratzen auch, um beachtet zu werden. Ihnen ist egal ob Sie von Ihnen ausgeschimpft werden, Hauptsache sie wird wahrgenommen. Wie kann uns also der Clicker behilflich sein? Haben Sie die anderen Tipps beachtet? Steht also der Kratzbaum zentral? Ist Ihre Katze ausgelastet? Als erstes sollten Sie Ihren Clicker immer bei sich tragen, um alle Kratzmöglichkeiten am Kratzbaum oder Kratzbrett positiv zu bestätigen. Je mehr Szenen Sie einfangen, umso schöner wird das Kratzen am Baum. Die Lieblingskratzstelle können Sie mit einer großen Plane, auseinander geschnittenen Plastiktüten oder Ähnlichem abhängen oder abkleben, so findet Ihre Katze die Stelle nicht mehr so ansprechend. Wichtig ist, dass die Planen sicher hängen, denn lösen sich diese und Ihre Katze fängt mit diesen an zu spielen, droht Erstickungsgefahr.

Die Benutzung der Klappe erfordert viel Vertrauen.

Benutzen einer Katzenklappe

Sie wollen, dass Ihre Katze durch die Katzenklappe geht, ohne dass sie Angst hat? Dann üben Sie das einfach mit ihr, sodass es ein ganz normaler Weg wird. Am besten übt sich das mit Hilfe des Nasentargets, sofern Ihre Katze das schon kennt. Entfernen Sie für den Anfang der Übung bitte die Klappe in der Katzentür, sodass Ihre Katze als erstes nur durch einen kleinen Tunnel laufen muss. Setzen Sie sich mit Ihrer Katze in die Nähe der Katzenklappe und beginnen Sie damit, dass Ihre Katze ein paar Mal das Nasentarget berührt. Wandern Sie dabei mit dem Target immer weiter Richtung Tunnel. Jedes Mal ein kleines bisschen dichter ran, aber immer nur so weit, dass Ihre Katze keine Angst entwickelt. Halten Sie das Target ein wenig in den Tunnel hinein, sodass Ihre Katze den Kopf hineinstecken muss. Vergessen Sie nicht ausreichend zu belohnen. Üben Sie diesen Teil ruhig ein paar Tage, denn je positiver Ihre Katze das verknüpft, desto leichter wird es später. Setzen Sie sich nun auf die andere Seite der Klappe und halten das Target wieder so weit, dass Ihre Katze den Kopf wieder hineinstecken muss, um an das Target zu kommen. Klappt dies ohne Probleme, können Sie das Target ganz langsam immer weiter zu sich holen, sodass Ihre Katze weiter durch den Tunnel gehen muss. Fügen Sie, sobald Ihre Katze immer sicher durch den Tunnel geht, ein Kommando ein. Klappt die Übung nicht mehr seit Sie auf der anderen Seite der Tür sitzen, gehen Sie einen Schritt in der Übung zurück. Ihre Katze geht nun ohne Klapptür sicher durch die Katzentür. Nun können Sie die Schwierigkeit erhöhen, die Tür wieder einbauen. Fangen Sie nun wieder von vorn an, wie im Schritt ohne die Tür. Setzen Sie sich vor die Tür und lassen Sie das Target immer weiter zur Klappe wandern. Wenn dabei die Klappe wackelt, clicken und belohnen Sie das mit einem Jackpot, sofern die Katze keine Angst zeigt. Gehen Sie immer weiter mit dem Target durch die Katzenklappe. Wenn Ihre Katze weiterhin kein Problem mit der Klappe hat, können Sie sich auf die andere Seite setzen.

Halten Sie das Target nun dicht an die Klappe, sodass Ihre Katze es sehen kann. Kommt Sie nun durch die Klappe achten Sie darauf, den Stab etwas beiseite zu nehmen, da Sie sonst die Klappe zudrücken. Sobald sie mit dem Kopf durchschaut, clicken Sie und geben ihr ein besonderes Leckerli (Jackpot). Clicken Sie nun einfach weiter, bis Ihre Katze komplett durch die Tür geht. Abschließend können Sie wieder Ihr Kommando einsetzen. Sie können auch einen Zwischenschritt einbauen, indem Sie die Klappe wieder einbauen, aber die Tür durch Paketklebeband o. Ä. erst einmal offen lassen, sodass sich die Katze erst an dem Rahmen der Katzenklappe gewöhnen kann. Sie können die Tür dann immer weiter runter lassen (durch Paketklebeband o. Ä. ist dies regulierbar).

Mögliche Rückschritte oder Schwierigkeiten

- *Die Katze muss mit dem Kopf durch einen Tunnel.*
- *Sie muss mit dem Kopf die Katzenklappe aufstoßen.*
- *Die Katze ist mit dem Kopf durch die Tür, nun geht die Klappe wieder runter, halten Sie die Klappe am Anfang mit fest, sodass Ihre Katze sich nicht erschrickt.*

Die Höhe und Größe der Klappe sollte auf die Katze abgestimmt sein.

Transportbox-Training

Ziel ist es, dass Ihre Katze freiwillig in die Box geht.
Holen Sie als erstes Ihre Transportbox herbei und stellen diese mit der Kuscheldecke oder einem anderen Lieblings-Schmuseteil Ihrer Katze an einen ihrer Lieblingsplätze, beispielsweise neben die Couch, das Bett oder an die Balkontür.

Bitte beachten Sie, dass manche Schritte auch einige Tage oder gar ein paar Wochen dauern können. Denken Sie mal an eine eigene Angst ... Wie lange bräuchten Sie, um diese zu überwinden?

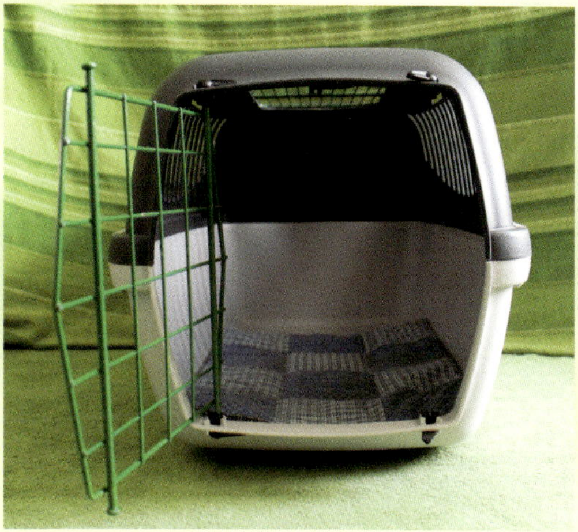

Das Lieblingskissen sollte nicht fehlen.

Lassen Sie die Box einfach stehen, Sie brauchen sie der Katze nicht zeigen, sagen Sie einfach nichts und lassen die Katze und die Box in Ruhe. Sollte Ihre Katze in die Box gehen, um dort zu schlafen, sagen oder tun Sie bitte auch nichts. Beachten Sie das Verhalten Ihrer Katze am besten einfach gar nicht. Versuchen Sie Ihre Katze auch nicht anzustarren. Denn die ahnt sonst wahrscheinlich schon, dass die Box mit Vorsicht zu genießen ist. Sobald Sie sie beobachten, ihr gut zureden oder sonstiges, zeigen Sie ihr damit sehr deutlich, dass etwas mit der Box nicht in Ordnung ist, denn wenn Sie sonst Gegenstände ins Haus bringen, verhalten Sie sich auch nicht so. Daher ist es für die erste Zeit ganz wichtig, die Katze in dieser Phase einfach nicht zu beachten. Nach circa 14 Tagen (bei Katzen, die sehr empfindlichen gegenüber Neuem sind, können Sie die Zeit auch verdoppeln oder gar verdreifachen) sollte die Box fester Gegenstand der Wohnung sein. Je nach Angst geht die Katze schon in die Box zum Schlafen oder sie läuft zumindest locker an ihr vorbei. Wenn Sie mit Ihrer Katze einen der nächsten Schritte erreicht haben, üben Sie diesen bitte trotzdem noch einige Tage weiter, sodass sich das Gelernte festigen kann. Je positiver die Box dadurch wahrgenommen wird, desto leichter werden die nächsten Schritte fallen.

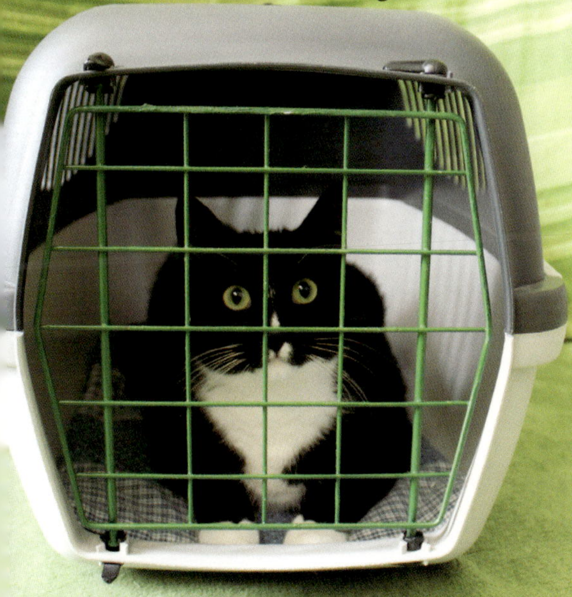

Eine gut trainierte Katze kann sich auch entspannt in der Box aufhalten.

Pan sitzt vertrauensvoll vor seiner Box.

Nun geht es los: nehmen Sie sich Ihren Clicker und 10–15 Leckerlis, rufen Sie Ihre Katze. Gehen Sie nun zur Box und setzen sich bitte sehr bequem hin – Sie sollten sich während des Trainings nicht bewegen müssen, weil sie unbequem sitzen.

Wichtig!

Wenn die Katze im selben Raum wie die Box ist, schließen Sie die Raumtür.

Da Sie nun in der Nähe der Box sind, kann es sein, dass Ihre Katze wieder Angst hat und gar nicht in Ihre Nähe kommt. Dies ist gar nicht schlimm, denn nun beginnen Sie ja mit dem Training:

1. Ziel ist, dass die Katze zu Ihnen schaut, obwohl Sie neben der Box sitzen.

Rufen Sie Ihre Katze. Wenn sie Sie anschaut, clicken Sie und werfen ihr ein Leckerchen zu. Wichtig ist, dass Sie es ruhig richtig zu ihr hin werfen, Sie wollen Ihre Katze schließlich nicht zu sich locken, sondern belohnen. Sie darf erst Vertrauen aufbauen. Diesen Schritt wiederholen Sie, bis Ihre Katze keine Angst mehr hat, wenn Sie neben der Box sitzen!

2. Ziel ist, dass die Katze zu Ihnen kommt, obwohl Sie neben der Box sitzen.

Wenn Sie nun Ihre Katzen rufen und Sie kommt zu Ihnen um sich ihr Leckerli abzuholen, obwohl Sie in der Nähe der Box sind, haben Sie die erste Vertrauensstufe erreicht – Herzlichen Glückwunsch! Kommt Ihre Katze nicht, gehen Sie einen Schritt zurück. Ihre Katze muss erst Vertrauen aufbauen, bevor Sie weitermachen können.

3. Ziel ist, dass die Katze die Box anschaut.

Sie sitzen neben der Box und Ihre Katze ist nicht weit von Ihnen entfernt. Wenn die Katze nun mal einen Blick zur Box wagt, clicken Sie dieses bitte sofort. So lernt die Katze, dass es um die Box geht. Sollte Ihre Katze die Box nicht anschauen, können Sie die Box leicht mit einem Finger antippen. Doch VORSICHT: weniger ist mehr. Sollte Ihre Katze wieder Angst bekommen, waren Sie zu schnell und müssen meist wieder bei Punkt 1 beginnen. Durch sanftes Antippen schaut die Katze die Box an, dies können Sie mit einem Click positiv bestätigen und belohnen.

Neugierige Katzen inspizieren die Box erst einmal ausführlich.

4. Ziel ist, dass die Katze neben der Box sitzt und die Box anschaut.

Ihre Katze wird nun immer öfter die Box anschauen, weil sie dafür belohnt wird. Sollte sie nun noch nicht direkt neben der Box sitzen, können Sie sie mit dem Nasentarget oder Bodentarget immer dichter an die Box holen. Dazu lassen Sie das Target in Mini-Schritten immer dichter an die Box wandern. Belohnen Sie die Katze überschwänglich, wenn sie folgt.

Schaut die Katze die Box an, ist es auch möglich zu clicken und das Belohnungshäppchen einfach in Mini-Schritten immer dichter an die Box zu halten. Um dort heranzukommen, wird Ihre Katze immer dichter an die Box müssen. Persönlich empfehle ich Ihnen mit dem Target zu arbeiten. Erklärt habe ich dies ja bereits in dem Kapitel 1 »Shapen und Target«.

5. Ziel ist, dass die Katze das Köpfchen leicht in den Boxeneingang steckt.

Die Ausgangssituation ist nun, dass die Katze dicht an der Box sitzt. Die Box ist offen und kann sicher betreten werden, ohne dass sie umfällt oder kippt.

Möglichkeit 1: Sie gehen mit dem Target nun immer dichter zur Box, Ihre Katze muss, um dieses zu erreichen, den Kopf in den Boxeingang stecken. Dafür gibt es nun wieder einen Click und einen Jackpot, denn Ihre Katze hat gerade eine sehr große Angst überwunden, was entsprechend belohnt werden sollte.

Möglichkeit 2: Die Katze schaut zur Box – Click, das Leckerchen wird auf den Boxenrand gelegt. Dort kann die Katze sich ihre Belohnung abholen. Wenn sie sich das Leckerchen holt, clickern Sie dies gleich wieder und legen erneut ein Leckerli dort hin. Dies wiederholen Sie mit den 10–15 Leckerchen und haben für heute einen großen Schritt erreicht. Gefahr bei Möglichkeit 2 ist wieder, dass Ihre Katze sich nur wegen des Leckerlis überwindet, sich aber nicht mit der Angst auseinandersetzt und später ohne Leckerlis die Box nicht betreten wird. Daher empfehle ich immer mit einem Target zu arbeiten. Dies dauert manchmal länger, aber Sie können sicher sein, dass Ihre Katze dann auch in die Box gehen wird.

Sollte Ihre Katze keine der beiden Möglichkeiten in Betracht ziehen, ist ihre Angst immer noch zu groß und sie gehen bitte wieder zu Schritt 4.

6. Ziel ist, dass die Katze das Köpfchen ganz in die Box steckt.

Halten Sie das Target immer weiter in die Box, denken Sie aber bitte daran, dies in kleinen Schritten zu tun, nur so kann Ihre Katze sämtliche Zweifel ablegen. Belohnen Sie ausgiebig. Je nach Katze macht es sich ab hier wesentlich besser, mit dem Bodentarget zu arbeiten, da man dies ohne große Anstrengung bis in die letzte Ecke der Transportbox legen kann.

7. Ziel ist, dass die Katze komplett in der Box sitzt.

Schritt 7 läuft genauso ab wie die Schritte 5 und 6, nur dass Sie das Target immer weiter nach hinten wandern lassen, sodass Ihre Katze nun zum ersten Mal freiwillig in der Box ist. Belohnen Sie dies wieder ausgiebig und lassen Sie Ihrer Katze so viel Zeit, wie sie benötigt.

Sobald Ihre Katze immer zuverlässig in die Box geht, können Sie ein Kommando hinzufügen. Wichtig ist, dass Ihre Katze das Kommando richtig verknüpft, denn Sie sollen das Target wieder abbauen, da es nur als Hilfe diente. Sobald Ihre Katze auf Kommando in die Box geht, können Sie das Target einfach weglassen. Geht Ihre Katze ohne Target nicht in die Box, ist das

Cooper ist auf einem guten Weg.

Er ist nun bereit für den nächsten Schritt – das Türenschließen.

Kommando noch nicht richtig verknüpft, üben Sie diesen Teil ausgiebiger.

8. Ziel ist, dass die Katze sich nun in der Box dreht. Sie soll später sehen können, wie wir die Tür zumachen.

Schicken Sie Ihre Katze in die Box, clicken und belohnen Sie sie dieses Mal aber nicht.

Warten Sie stattdessen einen Moment ab. Ihre Katze wird sich nun wundern, viele drehen sich von ganz allein um und schauen, warum keine Belohnung mehr kommt. Sobald das Köpfchen sich zu Ihnen dreht, clicken und belohnen Sie sie. Sollte Ihre Katze sich nicht umschauen, können Sie sie auch ansprechen, sobald sie nun schaut: Click. Dies wiederholen Sie so lange, bis sich Ihre Katze komplett dreht und mit dem Kopf nach vorne schaut. Meist geht dieser Schritt sehr schnell, weil die Katzen ja auch ihre Belohnung nach dem Click haben wollen.

9. Ziel ist es, dass Ihre Katze mit dem Kopf nach vorne in der Box sitzen bleibt.

Die Ausgangssituation ist Schritt 8: Sie schicken Ihre Katze in die Box und warten, bis sie sich dreht. Nun zögern Sie den Click einfach sekundenweise immer länger heraus, sodass Ihre Katze lernt, in der Box noch etwas zu warten. Verzögern Sie diesen Click immer minimal, sodass Sie nach ein paar Übungstagen bei ca. 20 Sekunden sind. Dieser Schritt ist wichtig, um später die Tür der Transportbox in Ruhe schließen zu können.

10. Ziel ist, dass Sie die Tür schließen können.

Hier kommen jetzt mehrere Teilschritte. Wenn Ihre Katze in der Box unruhig wird oder Sie merken, dass ihr das zu schnell geht, üben Sie die Teilschritte über mehrere Tage, sodass Ihre Katze nicht unruhig wird.

Ihre Katze sitzt nun gedreht in der Box; nun nehmen Sie Ihre Hand und fassen zur Tür: Click und schon wird belohnt. Als nächstes berühren Sie die Tür ganz – Click und Belohnung. Nun wackeln Sie ein wenig mit der Tür, clicken und belohnen Sie direkt im Anschluss. Machen Sie nun die Tür zu einem Viertel ran, dann halb und zum Schluss ganz zu, aber nur angelehnt – Click und Leckerli. Diesen Schritt mit angelehnter Tür clickern Sie bitte unbedingt ein über ein paar Tage verteilt, denn sollte Ihre Katze doch noch etwas Angst bekommen, können Sie die Tür schnell öffnen, was bei geschlossener Tür nicht mehr möglich ist. Wenn Ihre Katze super entspannt mit angelehnter Tür in der Box bleibt, können Sie sie schließen. Click und belohnen.

11. Ziel ist es, dass Ihre Katze auf Kommando in die Box geht, sich dreht und Sie die Tür zumachen können.

Üben Sie nun noch ein paar Tage die gesamte Übung mit Kommando. Zum Festigen können Sie die Box auch mal in einen anderen Raum stellen und dort die Übung wiederholen. Wenn Ihre Katze dann auf Kommando in die Box geht, haben Sie es geschafft. Sollte Ihre Katze noch nicht dazu bereit sein, sollten Sie die gesamte Übung noch einmal in dem neuen Raum üben, Schritt für Schritt.

12. Ziel ist, dass die Box leicht angehoben werden kann, während Ihre Katze darin sitzt.

Sobald Ihre Katze in der Box ist, können Sie damit beginnen, ein kleines Flugtraining auszubauen. Heben Sie die Box minimal an. Clicken und belohnen Sie sofort und öffnen dann wieder die Tür. Üben Sie diesen Schritt einige Übungseinheiten. Sobald Sie merken, dass Ihre sich Katze entspannt, obwohl sie angehoben wird, können Sie die Länge des Anhebens steigern.

Wenn auch dies nach einigen Übungseinheiten locker klappt, können Sie die ersten Schritte mit der Box gehen.

Jogi geht selbstständig und vor allem ohne Angst in die Box …

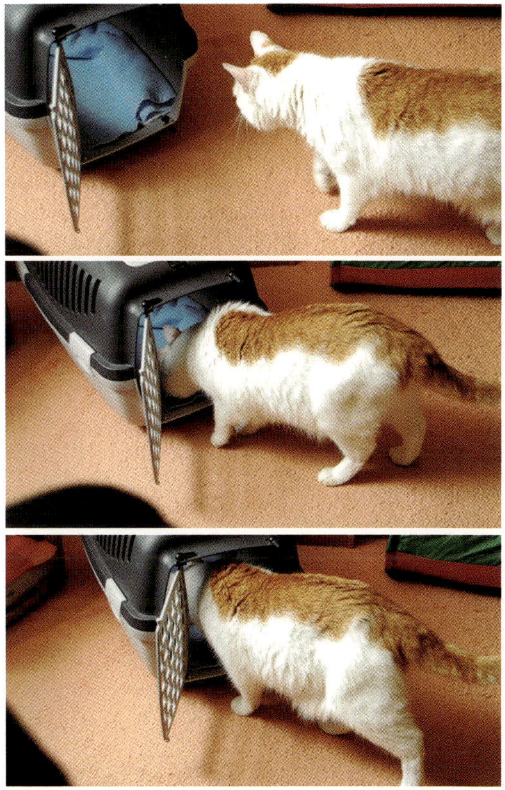

Flugtraining – das kurze Hin-und-her-Tragen der Katze.

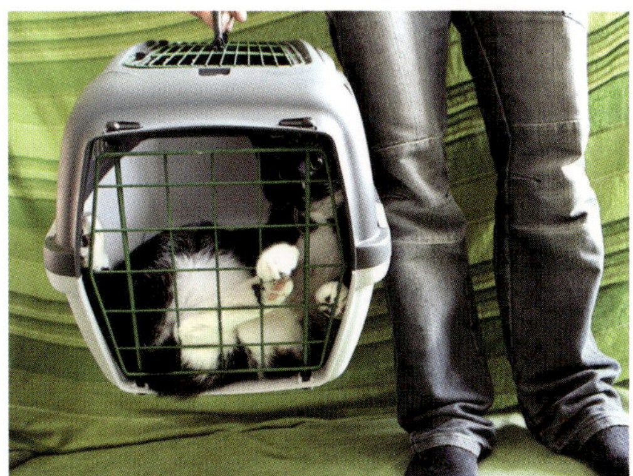

Kapitel 3

Die Tricks

- Das Nasentarget
- Das Bodentarget
- Das Körpertarget
- Sitz
- Männchen
- Pfote-geben
- Platz
- Auf-die-Seite-legen
- Rolle
- Drehen / Twist
- In-eine-Kiste-gehen
- Vorderpfoten-kreuzen
- Bleib
- Gib-5
- Winken
- Geh-auf-deine-Decke
- Gib-Küsschen
- Gegenstände-umwerfen
- Leckerli-fangen
- Slalom-durch-die-Beine
- Gib-10
- Putzen-auf-Kommando
- Zurückgehen
- Miauen-auf-Kommando
- Beinkreisen
- Gegenstand-auf-dem-Kopf-balancieren
- Elefantendrehen

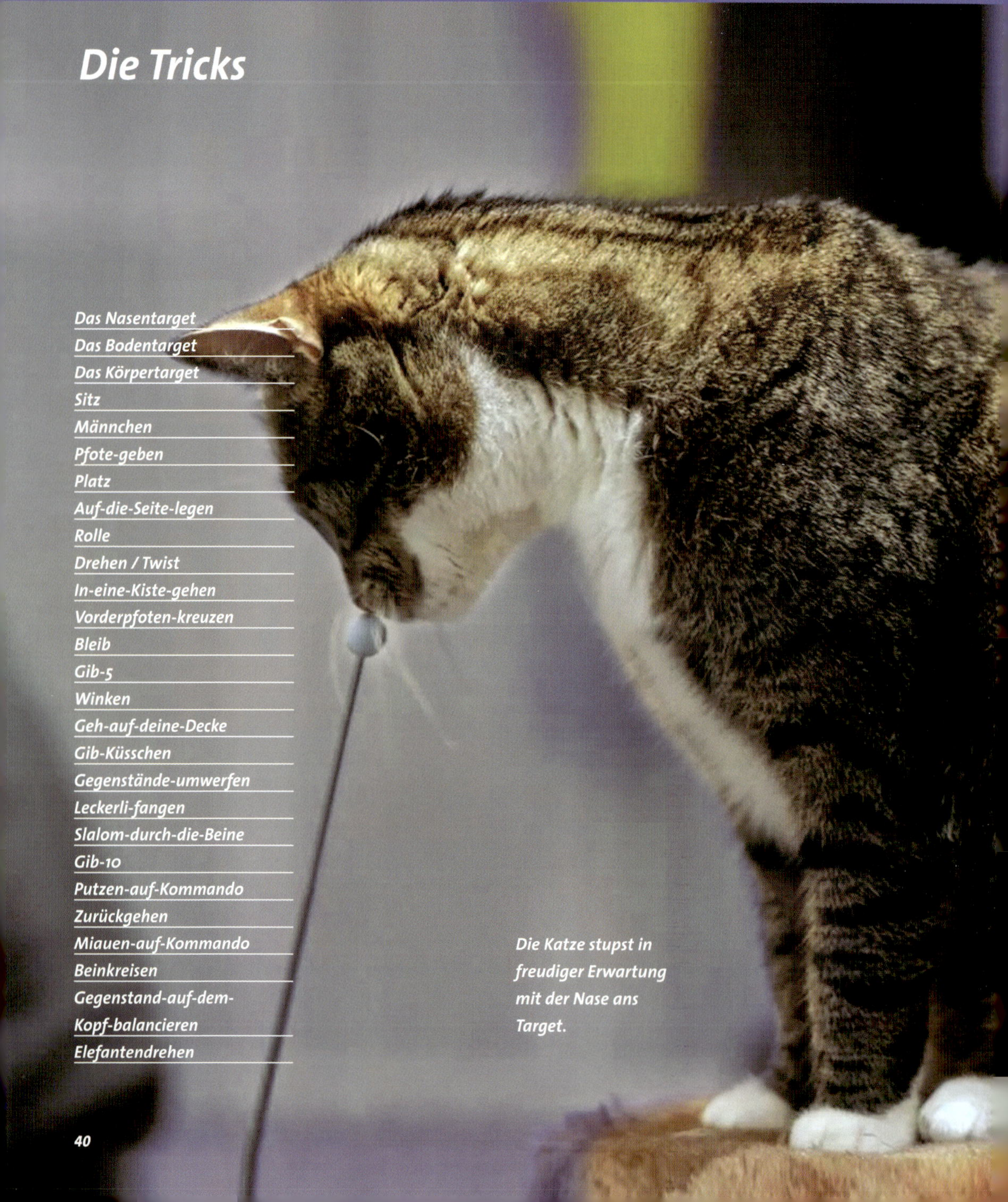

Die Katze stupst in freudiger Erwartung mit der Nase ans Target.

Das Nasentarget

1. Ziel ist, dass Ihre Katze mit der Nase das Target berührt.

Wenn die Katze dicht vor Ihnen sitzt oder steht, positionieren Sie das Nasentarget dicht vor die Nase der Katze. Sobald die Katze das Target anschaut oder berührt, clicken Sie und geben ihr die Belohnung. Das wiederholen Sie einige Tage – so lange, bis die Katze das Nasentarget immer mit der Nase berührt. Fügen Sie nun das Kommando, welches Sie nutzen wollen, hinzu. Festigen Sie das Target nun wieder einige Tage.

2. Ziel ist, dass die Katze das Target trotz Entfernung berührt.

Sobald die Katze weiß, dass sie das Target berühren soll, um an das Leckerli zu gelangen, können Sie den Targetstab etwas weiter weg halten. Nicht zu weit, auch hier gilt: weniger ist mehr. Arbeiten Sie in kleinen Schritten. Ihre Katze muss sich jetzt zum Nasentarget hinbewegen. Lassen Sie das Target immer weiter weg wandern, bis Ihre Katze zum Target hinlaufen muss, um dies mit der Nase zu berühren.

3. Ziel ist, dass Ihre Katze mit der Nase an dem Target bleibt.

Ausgangsposition ist Übung 1. Ihre Katze muss das Target wieder mit der Nase berühren, dafür aber ein paar Sekunden mit der Nase am Target dran bleiben. Clickern Sie also dieses mal nicht sofort, sondern warten eine Sekunde. Bleibt die Katze dran, folgt erst der Click und die Belohnung. Dieses Zögern bauen Sie ganz langsam aus, indem Sie die Zeit zum Click immer längern werden lassen. Wichtig ist auch hier, immer in kleinen Schritten zu arbeiten.

4. Ziel ist es, dass Ihre Katze an dem Nasentarget bleibt, während Sie das Target führen

Ihre Katze hat gelernt länger an dem Target zu bleiben, fangen Sie nun an, es ganz langsam von der Katze wegzubewegen. Ihre Katze sollte nun dem Target folgen. Achten Sie auch hier wieder darauf, dass Sie in kleinen Schritten arbeiten, sodass Ihre Katze auch die Verknüpfung erstellen kann, dass sie die Belohnung erst erhält, wenn sie mit der Nase am Target bleibt.

Finja folgt dem Targetstab.

TIPPS und TRICKS

- *Die meisten Katzen gehen ohne Hilfe an das Nasentarget, da sie sehr neugierige Tiere sind und alles erst einmal genau beschnuppern wollen.*
- *Sollte Ihre Katze dies nicht tun, können Sie die Targetspitze auch mit etwas Leckerem einreiben.*
- *Manche Katzen schlagen das Target am Anfang mit den Pfoten, ignorieren Sie dies einfach und bestätigen Sie nur, wenn die Nase am Target ist. Bald merkt Ihre Katze, dass es sich nicht lohnt, mit der Pfote dagegen zu schlagen.*

Das Arbeiten mit dem Bodentarget sorgt für Abwechslung und Spaß.

Das Bodentarget

1. Ziel ist, dass die Katze das Bodentarget mit der Pfote antippt

Die Katze sitzt oder steht vor Ihnen. Nun legen Sie das Bodentarget ganz dicht vor die Pfoten Ihrer Katze. Clicken Sie am Anfang jegliches Interesse Ihrer Katze an dem Target, ein Anschauen, ein Schnüffeln – alles kann und darf geclickt werden.

Sollte Ihre Katze die Pfote nehmen, haben Sie es leichter, dann clicken Sie dieses bitte immer weiter und machen bei Schritt 2 weiter. Sollte Ihre Katze das Bodentarget nicht mit der Pfote berühren, müssen Sie sie dazu bringen. Da jede Katze unterschiedlich ist, zeige ich Ihnen hier zwei verschiedene Ideen.

Möglichkeit 1: Kratzen Sie an dem Target. Einige Katzen machen dies nach. Clicken Sie dann sofort, wenn Ihre Katze auch nur die Pfote anhebt. Denn auch hier ist der Weg das Ziel.

Je nach Target können Sie auch ein Leckerli daran befestigen, die meisten Katzen werden erst einmal versuchen, es zu fressen. Merken sie aber, dass es fest ist, wird die Pfote zu benutzen. Dies clicken Sie sofort und geben der Katze bitte ein anderes Leckerli (das am Target brauchen wir ja noch). Dies wiederholen Sie so oft, bis Ihre Katze verstanden hat, dass sie das Bodentarget mit der Pfote berühren soll. Wenn Sie denken, sie hat es verstanden, entfernen Sie das Leckerli oder kratzen nun nicht mehr und schauen, ob Ihre Katze weiterhin das Target berührt. Wenn ja, machen Sie bitte bei Schritt 2 weiter. Fängt Ihre Katze nicht an, das Target zu berühren, müssen sie noch weiter üben.

Möglichkeit 2: Manche Katzen geben einem Pfötchen, dies können Sie ausbauen, indem Sie einfach das Bodentarget in Ihre Hand legen. Sobald Ihre Katze das Pfötchen gibt, clicken und belohnen Sie sie. Nun lassen Sie Ihre Hand zusammen mit dem Target einfach ganz langsam, Click für Click, nach unten wandern. Irgendwann liegt dann das Target auf dem Boden und Sie müssen nur noch hinzeigen. Und schon können Sie, wenn die Katze das Target immer mit der Pfote berührt, zu Schritt 2 übergehen.

Vorsichtiges Berühren des Targets.

2. Ziel ist, dass die Katze zum Bodentarget geht und dieses antippt.

Ihre Katze berührt nun zuverlässig das vor ihr liegende Bodentarget. Legen Sie das Target jetzt einige Zentimeter weiter weg, sodass die Katze aber noch rankommt, ohne aufstehen zu müssen. Clicken Sie sofort, wenn sie das Target berührt. Berührt sie es nun nicht mehr, haben Sie es zu weit geschoben oder Sie müssen zurück zu Schritt 1, da Ihre Katze den Trick noch nicht verstanden hat. Berührt die Katze weiterhin zuverlässig das Target, legen Sie es noch weiter weg, sodass Ihre Katze den ersten Schritt machen muss. Haben Sie ein wenig Geduld, manche Katzen wissen, dass sie das Target berühren sollen, aber überlegen erst, ob sich das auch wirklich lohnt. Berührt die Katze das Target nicht, gehen Sie wieder etwas zurück in der Aufgabe. Im Schritt 2 geht es also darum, das Target immer weiter weg zu legen und die Katze von Ihnen weg zu dem Bodentarget gehen zu lassen.

Das Körpertarget

Zu Beginn möchte ich Ihnen raten, mit einem leichten Körperteil anzufangen, z. B. mit dem Schultertarget. Überlegen Sie sich ein Kommando, denn hier wird genau andersherum gearbeitet. Das Kommando ist nicht nur ein Kommando, sondern auch eine Vorankündigung. Es benennt das Körperteil, mit dem wir bei dem Körpertarget arbeiten wollen. Sagen Sie also »Schulter« und berühren Ihre Katze an der Schulter – Click und belohnen. Nach ein paar Übungseinheiten wird Ihre Katze verstehen, dass Sie sie beim Kommando »Schulter« dort berühren. Ihre Katze wird dann anhand Ihrer Bewegung und dem Kommando beginnen, Ihnen entgegenzukommen, um schneller einer Belohnung zu erhalten. Dies clicken und belohnen Sie. Manche Katzen, oder auch manche Körperstellen, werden nicht so gerne angefasst, diese müssen Sie zuerst positiv clickern. Der Click muss also erfolgen, bevor Ihre Katze zurückzuckt. Erarbeiten Sie solche Dinge immer mit Ruhe und in vielen kleinen Trainingseinheiten.

TIPP

Lassen Sie Ihre Hand so lange es geht auf der benannten Körperstelle, auch noch nach dem Click und während der Belohnung, wenn Ihre Katze dies zulässt.

Akzeptiert Ihre Katze dies, ohne deswegen Unmut zu zeigen, können Sie ganz langsam anfangen, Druck aufzubauen. Drücken Sie nie zu stark, sondern erarbeiten Sie diesen Druck in vielen kleinen Schritten. Erreichen wollen wir, dass Ihre Katze sich leicht gegendrückt. Diesen Gegendruck nennt man den Oppositionsreflex. Wie der Name schon sagt, ist dies ein Reflex, den die Katze nicht direkt steuern kann. Durch das Berühren des Katzenkörpers produziert dieser das Hormon Oxytocin, welches sich auf die Katze beruhigend und entspannend auswirkt.

Kontaktsuche bei dem Körpertarget.

Ihre Katze kommt nun bei dem Signal »Schulter« zu Ihnen und presst ihre Schulter gegen Ihre Hand. Festigen Sie diese Übung, bevor Sie zum nächsten Körperteil übergehen.

Sitz

Peppy macht Sitz.

Sie setzen sich mit Ihrem Target dicht vor Ihre Katze und halten dies ungefähr auf ihrer Nasenhöhe. Ihre Katze wird nun dem Target mit der Nase folgen, dies nutzen Sie und clicken erst, wenn der Kopf schon ziemlich weit nach hinten genickt ist. Dies wiederholen Sie ein- bis zweimal, dann gehen Sie mit dem Target immer weiter nach hinten. Wenn Ihre Katze jetzt noch drankommen will, muss sie sich entweder hinsetzen oder aufstehen. Das Aufstehen wird einfach ignoriert, das Hinsetzen wird mit einem Jackpot belohnt.

Der Targetstab dient hier zur Hilfe der Übung »Sitz«.

Sobald sich Ihre Katze immer zuverlässig hinsetzt, fügen Sie beispielsweise das Kommando »Sitz« ein. Üben Sie dieses wieder einige Tage und bauen dann das Target wieder ab. Sollte Ihre Katze immer aufstehen, um das Target zu berühren, können Sie das Ganze auch mit einem Leckerli versuchen. Dazu lassen Sie Ihre Hand mit dem Leckerli langsam über den Kopf der Katze wandern. Ihre Katze wird versuchen an das Leckerli heranzukommen und ihren Kopf dabei immer weiter nach oben bewegen. Sobald die Katze sich wieder setzt, gibt es den Click und die Belohnung. Wenn sich Ihre Katze dann nach einiger Zeit zuverlässig hinsetzt, können Sie das Kommando einfügen und das Leckerli abbauen. Sollte beides nicht klappen, können Sie auch einfach warten, bis sie sich nach einiger Zeit von alleine hinsetzt, dann Clicken Sie sofort.

Männchen

Männchen auf Kommando.

Bringen Sie Ihre Katze in die sitzende Position, denn dies ist die Basis für den Trick. Nehmen Sie Ihre Hand, das Target oder ein Leckerli und halten dieses über den Kopf der Katze. Da sie von Natur aus neugierig ist, wird sie den Kopf nach oben nehmen oder dem Target folgen. In beiden Fällen clicken und belohnen Sie sie. Sie wandern nun mit dem Lockmittel von Click zu Click immer weiter nach oben, bis die Katze sich aufstellen muss, um an das Lockmittel heran zu kommen. Sobald Ihre Katze sich zuverlässig erfolgreich aufsetzt, können Sie ein Sichtzeichen oder Kommando einfügen.

Männchen aus einer anderen Perspektive.

Pfote-geben

1. Möglichkeit: Bringen Sie Ihre Katze ins Sitz, um eine gute Startposition zu haben. Das Leckerli wird in der verschlossenen Hand der Katze circa in Höhe der Brustknochen recht nah am Körper hingehalten. Steht Ihre Katze dabei auf, unterbrechen Sie die Übung kurz und lassen sie wieder hinsetzen. Sitzt die Katze wieder, probieren Sie die Übung ein weiteres Mal. Wenn die Katze dann auch nur ansatzweise die Pfote hebt, clicken Sie sofort. Ihre Hand öffnet sich und das Leckerli darf gefressen werden. Diese Übung wird so lange praktiziert, bis die Katze den Zusammenhang versteht: Die Hand kommt, ich hebe meine Pfote. Wenn diese Verknüpfung hergestellt worden ist, wird das Leckerli in der Hand weggelassen. Sie halten der Katze wieder die Hand hin, woraufhin sie die Pfote heben sollte, markieren Sie dieses Verhalten sofort durch ein Clicken, holen mit der anderen Hand das Leckerli und geben es der Katze. Nun noch das Kommando zufügen und fertig ist der Trick. Möchte man sich beide Pfötchen geben lassen, ist der Aufbau der gleiche – verwenden Sie aber ein Kommando pro Pfötchen, sodass die Katze unterscheiden kann, welche sie zu geben hat.

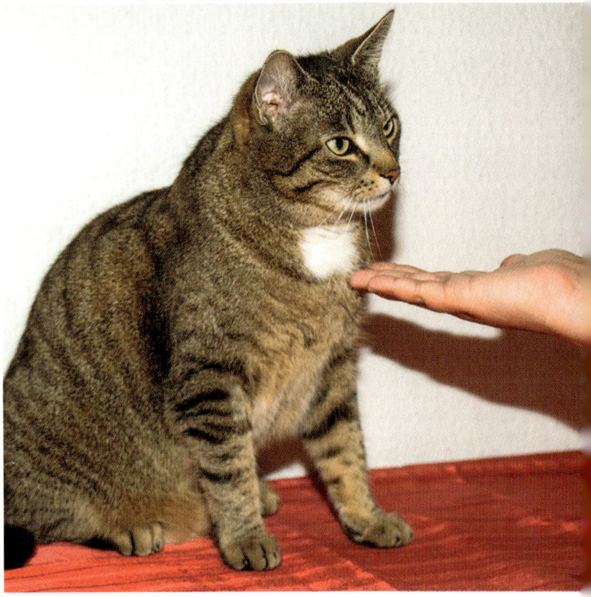

Das Beibringen von »Pfote-geben« fordert Konzentration auf beiden Seiten.

2. Möglichkeit: Sie kleben sich ein Leckerli an die Hand. Am besten eignet sich hierfür durchsichtiges Klebeband.
Zeigen Sie es der Katze, sie soll genau sehen, dass Sie ein Leckerli auf Ihrer Hand haben.
Als erstes wird sie wahrscheinlich daran schnuppern. Dieses Verhalten clickern Sie bereits.
Denn auch hier ist der Weg das Ziel, vergessen Sie nicht, dass nach dem Click das Leckerchen kommt.

Das Festkleben des Leckerlis ist eine Möglichkeit der Fixierung.

Lassen Sie das am besten an Ihrer Hand kleben und geben der Katze ein anderes. Nach einiger Zeit clicken Sie nicht mehr das Schnuppern, denn die Katze hat ja nun gelernt, dass es um das angeklebte Leckerli geht. Sie wird anfangen herumzuprobieren. Sobald die Katze die Pfote nur ein wenig anhebt, clicken Sie. Mit ein wenig Geduld hat die Katze den Dreh schnell heraus und wird anfangen das Leckerli mit der Pfote zu berühren. Dies clicken Sie immer und fügen das Kommando (z. B. »Pfötchen«) hinzu. Nach einigen Trainingseinheiten nehmen Sie bitte das angeklebte Leckerli ab und sagen das Kommando. Ist Ihre Katze noch unsicher und hebt nur ein wenig das Pfötchen, clicken Sie bitte schon. Sie wird dann von mal zu mutiger und wird das Erlernte anwenden. Sollte Ihre Katze ihre Pfote nicht mehr einsetzen, gehen Sie in der Übung wieder einen Schritt zurück.

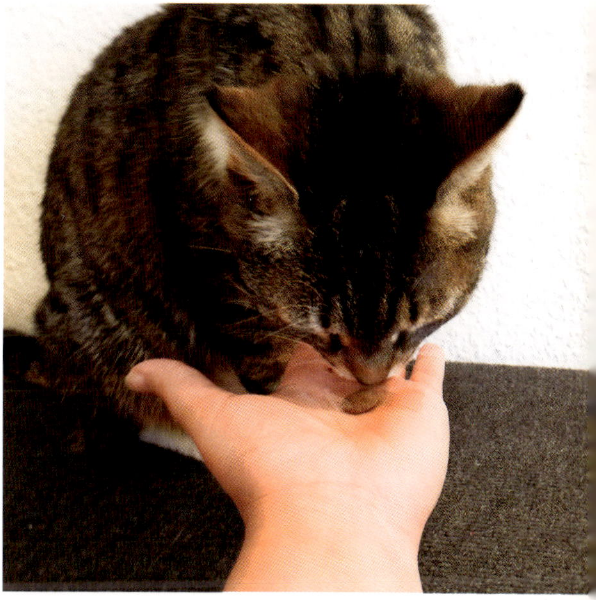

Die Höhe der Hand ist entscheidend für den Trick.

Platz

1. Möglichkeit (nicht für jede Katze geeignet): Die Anfangsposition hierfür ist Sitz! Ziehen Sie nun ein Leckerli von der Katze weg über den Boden. Die Katze bückt sich mit dem Kopf nach vorne, um den Leckerbissen zu erwischen. Sagen Sie »Platz« und streichen Sie Ihrer Katze mit leichtem Druck über den Rücken, einige Katzen gehen dann schon automatisch ins Platz. So-

Die Katze entdeckt das Lockmittel ...

bald sie liegt, clicken Sie und belohnen die Katze. Aber ACHTUNG: Nicht jede Katze mag es, so gelenkt zu werden. Wenn Ihre Katze das nicht will und einen Gegendruck erzeugt, hören Sie bitte SOFORT auf und probieren die andere Möglichkeit.

2. Möglichkeit: Für diesen Weg brauchen Sie viel Geduld. Legen Sie ein Leckerli gut sichtbar hin und halten Sie Ihre Hand darüber. Ihre Katze wird nun die ganze Zeit Ihre Hand fixieren, vielleicht sogar versuchen, an das Leckerli zu kommen. Je nach Katzentyp kommt dann früher oder später der Punkt, an dem sie keine

Trixy wird mit leichtem Druck ins Platz gelenkt, aber Achtung: diese Methode ist nicht für jede Katze geeignet.

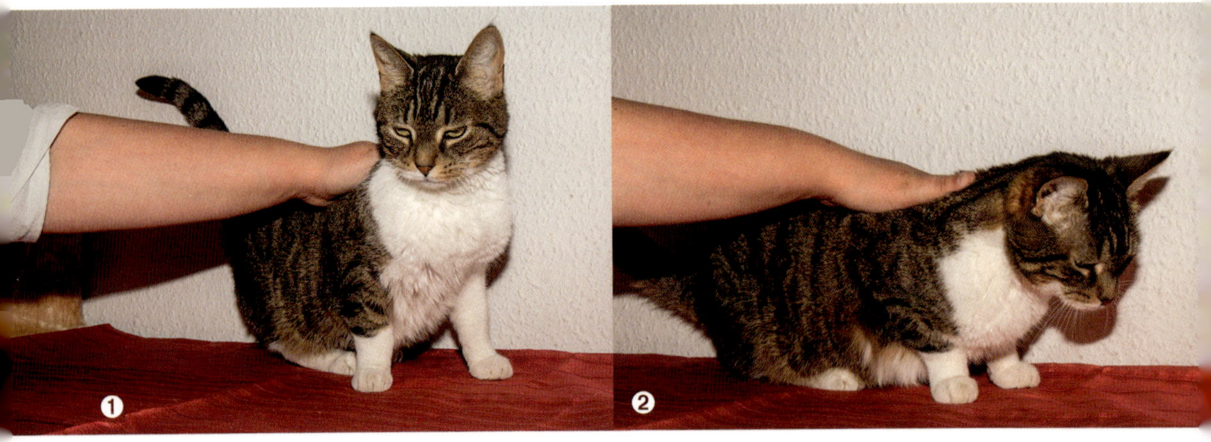

… und macht artig Platz. Beim Fixieren der Beute macht die Katze automatisch Platz.

Lust mehr hat, im Sitzen oder Stehen ihre Beute zu fixieren und legt sich ganz von allein hin. Sie legt sich auf die Lauer oder ihr ist einfach langweilig geworden.
Das ist Ihr Moment, jetzt clicken Sie sofort und belohnen Ihre Katze mit dem Leckerli unter Ihrer Hand. Im besten Fall muss die Katze dafür aufstehen, damit eine Wiederholung möglich ist, ohne sie hochzuscheuchen. Dies wiederholen Sie einfach immer und immer wieder, bis sie merkt, dass eine Belohnung erfolgt, wenn sie sich hinlegt. Wenn Ihre Katze sich regelmäßig hinlegt, führen Sie das Kommando »Platz« ein.

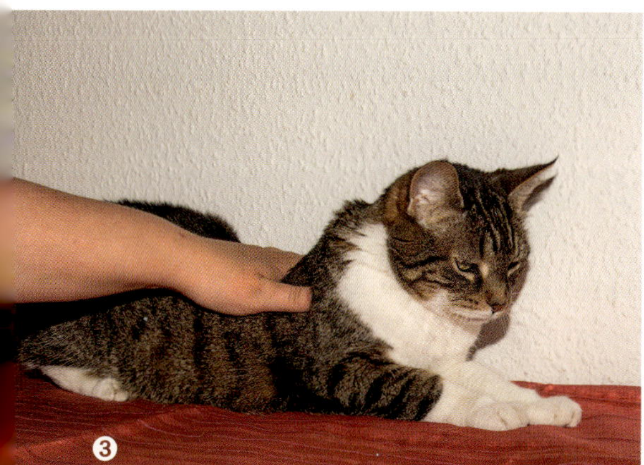

3. Möglichkeit: Nehmen Sie ein paar Leckerlis, von denen Sie am besten ein paar in die Hosentasche stecken, und Ihren Clicker, sodass Sie ihn in jeder Situation im Alltag parat haben. Sobald Sie sehen, dass Ihre Katze sich hinlegt, clicken Sie und belohnen ihr Verhalten. Da Ihre Katze sich gerade zur Ruhe legen wollte, bleiben Sie in der Nähe, hier haben Sie eventuell gleich wieder die Chance ein »Platz« zu erhaschen. Wenn Sie sehen, dass Ihre Katze sich nun hinlegen will, sagen Sie also »Platz« und clicken, sobald sie liegt. Es wird einige Zeit dauern, haben Sie also wieder Geduld.

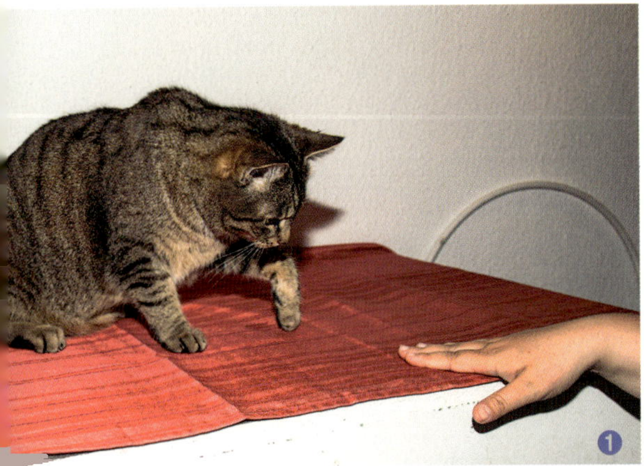

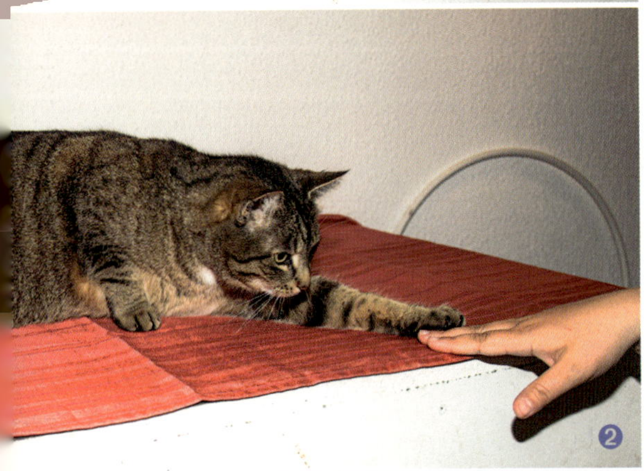

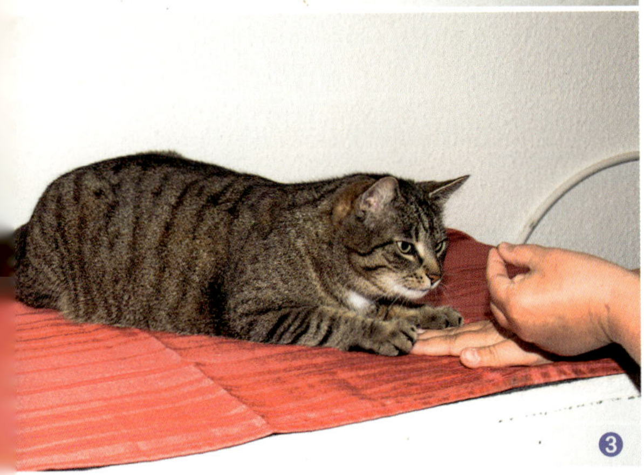

Phine legt sich hin …

Auf-die-Seite-legen

Bringen Sie Ihre Katze in die Position »Platz«, denn dies ist die Startposition für den Trick »Auf die Seite legen«.

1. Möglichkeit: Viele Katzen legen sich automatisch auf die Seite, wenn sie gestreichelt werden – das clicken Sie sofort. Wenn sich Ihre Katze nun immer seitlich legt, führen Sie ein Kommando ein. Nach einiger Zeit versuchen Sie es einfach mal ohne das Streicheln und sagen nur dieses Kommando.

Legt sich Ihre Katze daraufhin von allein auf die Seite, haben Sie es geschafft. Ihre Katze kann einen neuen Trick! Wenn nicht, üben Sie noch weiter, bis sie das Kommando richtig verknüpft.

2. Möglichkeit: Sobald Ihre Katze im Platz liegt, nehmen Sie ein Leckerli in die Hand und führen damit den Kopf der Katze so, dass sie sich über den Rücken schauen muss. Die meisten Katzen legen sich dann seitlich oder der Körper geht zumindest in diese Richtung. Clicken Sie sofort jeden Schritt – wie immer ist der Weg das Ziel.

3. Möglichkeit: Sie warten, bis sich Ihre Katze im Alltag von allein auf die Seite legt, und benennen dieses Verhalten immer mit Ihrem Kommando.

Nach einiger Zeit lernt die Katze, dass das Kommando und das Liegen auf der Seite zusammengehören. Diese Übungsvariante kann etwas dauern, aber wenn Möglichkeit eins und zwei nicht klappen, haben Sie so eine weitere Chance, den Trick zu erarbeiten.

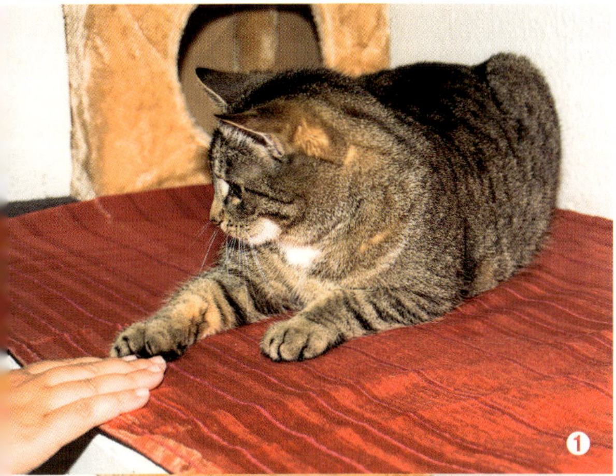

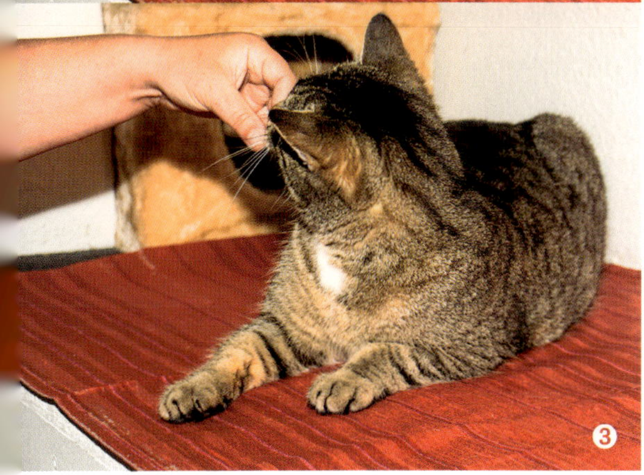

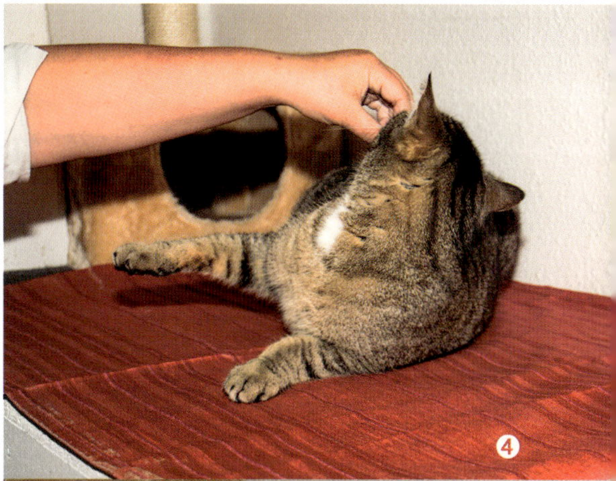

Durch das Führen mit dem Leckerli legt sich die Katze auf die Seite.

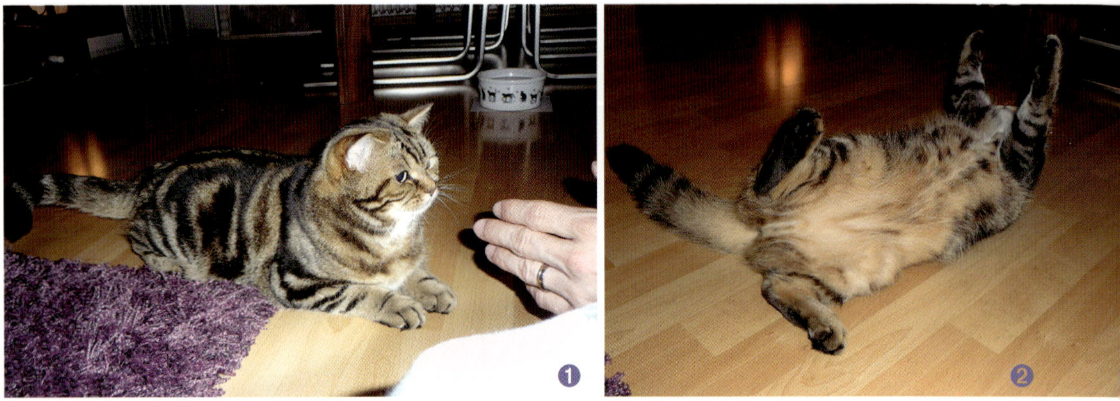

Akito legt sich hin ...

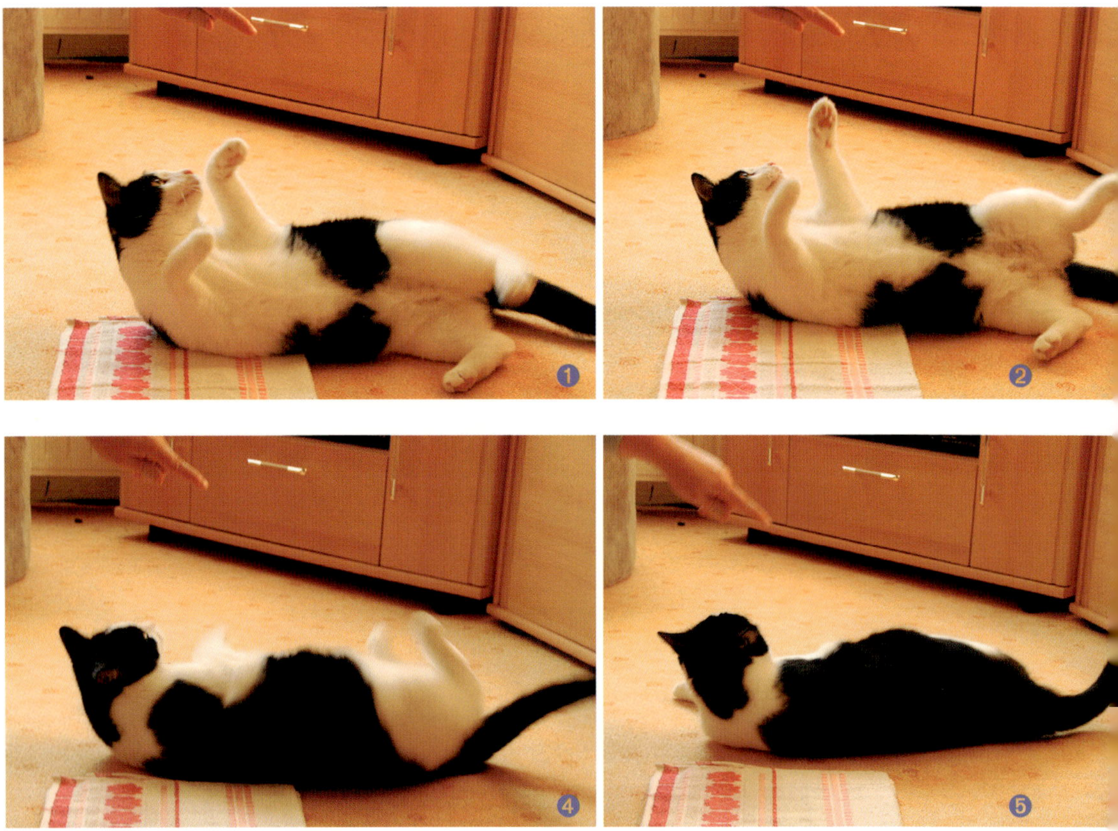

Auch die Rolle funktioniert auf Kommando.

... und rollt sich über die Seite.

Rolle

Sie lassen Ihre Katze Platz machen und führen sie nun auf die Seite. Mit einem Leckerli oder Target führen Sie nun immer weiter den Kopf der Katze über den Rücken nach hinten, sodass sie sich drehen muss. Dies tut sie dann vielleicht schon automatisch, clicken Sie dann und geben ihr ein Leckerli. Wenn Ihre Katze sich nicht dreht und es nicht schlimm findet, wenn Sie ihr Hilfestellung geben, dann können Sie ihr beim Drehen etwas helfen. Aber auch hier gilt: zwingen Sie Ihre Katze auf keinen Fall zu etwas, was sie nicht will.

Drehen/Twist

Ihre Katze sitzt oder steht vor Ihnen, Sie nehmen Ihren Targetstab und halten ihn vor sie. Sobald die Katze den Targetstab ansteuert, um ihm zu folgen, locken Sie sie in die Drehbewegung. Am Ende der Drehung wird geclickt und das Leckerli gegeben. Wenn Sie merken, dass Ihre Katze mit einer ganzen Drehung Schwierigkeiten hat, nehmen Sie einfach eine viertel oder halbe Drehung und steigern das Ganze, bis Sie bei einer ganzen Drehung angekommen sind.

Sobald die Drehbewegung schön flüssig läuft und die Verknüpfung gut sitzt, fügen Sie Ihr Kommando ein. Wenn die Katze das Kommando mit der Drehbewegung verbinden kann, können Sie den Targetstab entweder immer weniger einsetzen und die Bewegung nur noch andeuten, oder Sie können den Stab auch einfach ganz weglassen, je nachdem wie stark Ihre Katze das Kommando schon ausführen hat. Sollte das nicht mit dem Targetstab klappen, können Sie sie auch mit einem Leckerli locken. Sobald Ihre Katze dem Leckerli folgt und sich somit dreht, können Sie dieses langsam wieder aus der Übung herausnehmen, indem Sie es immer wieder mal weglassen und nur mit dem Finger die Drehbewegung machen.

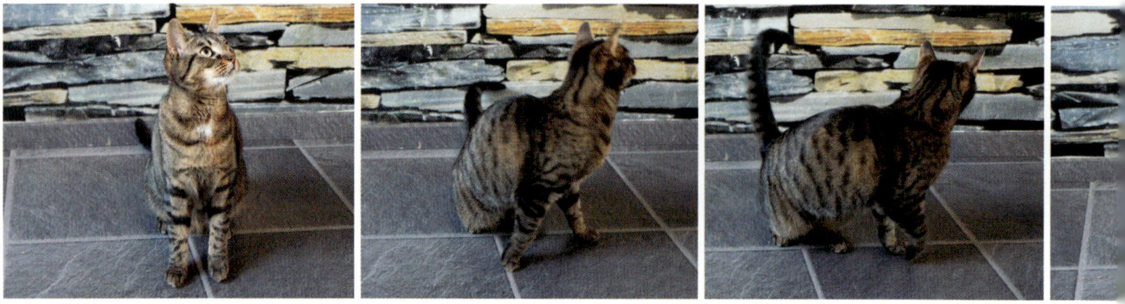

Twist – Finja dreht sich auf Kommando.

Nach dem Click wird Ihre Katze erst einmal irritiert schauen, da das Leckerli aus einer ganz anderen Richtung kommt. Diesen Schritt wiederholen Sie so lange, bis sie kein Leckerli mehr zum Locken benötigen. Jetzt wird das Kommando hinzugefügt und schon kann sich Ihre Katze drehen.

TIPP

Wenn Sie wollen, dass sich Ihre Katze in beide Richtungen dreht, studieren Sie erst eine Richtung mit Kommando ein. Sobald Ihre Katze dies kann, können Sie sich der anderen Drehung widmen. Diese sollte dann aber auch ein eigenes Kommando haben (beispielsweise »drehen« und »rum«).

Lucky folgt dem Target in die Kiste.

In-eine-Kiste-gehen

1. Möglichkeit: Die Katze ist neugierig genug und geht von allein rein, dann clicken Sie und geben ihr das Leckerli. Wiederholen Sie dies immer wieder. Wenn die Katze nach einiger Zeit immer zuverlässiger in die Kiste geht, sagen Sie das Kommando dazu (»Kiste«, »Geh rein« oder etwas Ähnliches).

2. Möglichkeit: Wenn Ihre Katze nicht von alleine in die Kiste geht, müssen Sie sie dort hinein locken. Dafür gibt es viele Möglichkeiten:

- ***Kratzen Sie von außen an der Kiste.***
- ***Zeigen Sie mit dem Finger in die Kiste.***
- ***Kratzen Sie im Inneren der Kiste am Boden.***

Sobald Ihre Katze die Kiste beachtet, indem sie sie anschaut, daran schnuppert oder sonst irgendein Verhalten die Box betreffend zeigt, clicken Sie dieses zwei- bis dreimal, sodass Ihre Katze merkt, dass sich eine Reaktion auf die Box lohnt. Da Sie nun das gezeigte Verhalten von eben nicht mehr clicken, muss Ihre Katze nun testen und versuchen, wie Sie zu Ihrem Click kommt. Jedes andere Verhalten darf geclickt werden. Clicken Sie in der nächsten Trai-

TIPP

Werfen Sie das Leckerli nach dem Click einfach etwas weiter weg, so muss Ihre Katze wieder aus der Kiste heraus und Sie können wiederum das Hineingehen üben.

ningseinheit nun nur noch diejenigen Verhaltensweisen, die Sie und Ihre Katze ans Ziel bringen. Sobald Ihre Katze immer zuverlässig in die Box steigt, können Sie das gewünschte Kommando hinzufügen.

Idee

- *Sie können diesen Trick super steigern, indem Sie die Kisten immer kleiner werden lassen*
- *Sie können, sobald die Katze den Trick kann, in der Kiste weitere Tricks kombinieren, z.B. Männchen machen, Pfötchen in der Box geben und vieles mehr.*

Vorderpfoten-kreuzen

Ziel ist es, dass die Katze ihre Vorderpfoten übereinander legt, also kreuzt. Kleben Sie sich einen Klebezettel auf die Handinnenfläche. Schicken Sie Ihre Katze in die Platzposition. Halten Sie nun die Hand mit dem Klebezettel hin, und geben das Kommando für Pfötchengeben. Ihre Katze wird Ihnen jetzt das Pfötchen geben, was Sie sofort mit einem Clicken bestätigen. Lassen Sie sich immer dieselbe Pfote geben. Ich nehme z. B. jetzt die rechte Pfote in der Beschreibung. Achten Sie darauf, dass die Katze immer schön den Zettel mit ihrer Pfote berührt. Für den Anfang können Sie das Kommando fürs Pfötchen-Geben nutzen, bauen Sie dieses aber so schnell es geht ab – viele Katzen haben damit kein Problem, denn es findet ja ein gewohnter

Wichtig

Ihre Katze soll nicht nur Pfötchen geben, sondern sie soll dabei immer auf den Klebezettel tippen. Daher ist es wichtig, dass Sie nur clicken, wenn Ihre Katze diesen auch getroffen hat.

Männchen-machen in der Kiste.

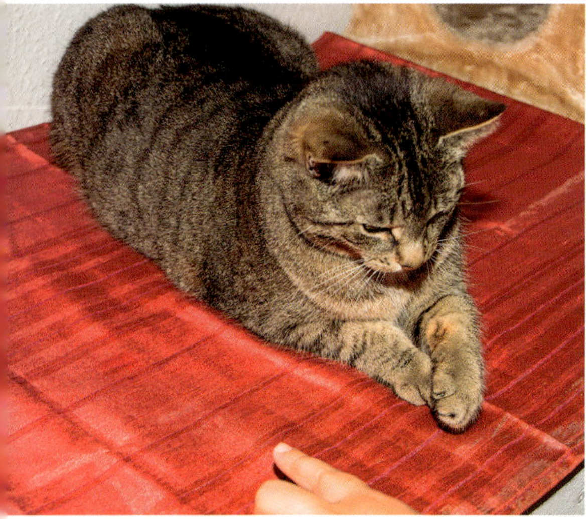

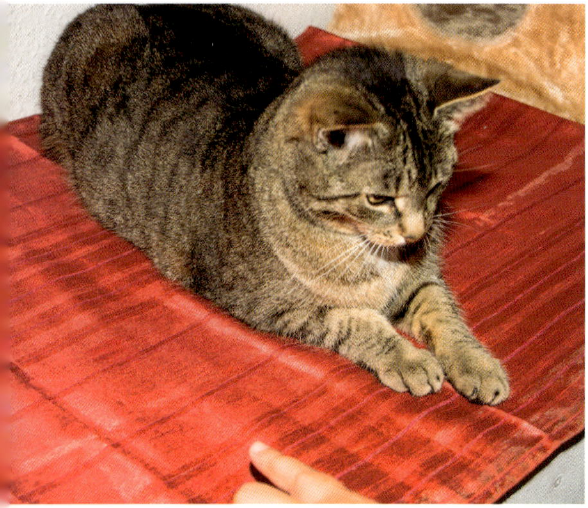

Sobald Ihre Katze zuverlässig ihre Pfote auf den Klebezettel legt, lassen Sie Ihre Hand Click für Click immer weiter zum Boden wandern. Wenn Ihre Hand schließlich auf dem Boden liegt, entfernen Sie den Zettel von Ihrer Hand und legen ihn direkt auf den Boden vor Ihre Katze. Sollte Ihre Katze den Zettel nicht berühren, helfen Sie ihr, indem Sie mit dem Finger darauf zeigen. Berührt die Katze weiterhin nicht den Zettel, müssen Sie wieder einen Schritt zurückgehen, denn sie hat noch nicht verstanden, dass sie ihn berühren soll.

Falls Ihre Katze den Zettel mit der rechten Pfote berührt, lassen Sie ihn immer weiter Click für Click an der linken Pfote vorbeiwandern, sodass die Katze nun schon leicht die Vorderpfoten kreuzen muss. Festigen Sie diesen Schritt in einigen Clickereinheiten und bauen ein Kommando für

Abwechselndes Kreuzen der Pfoten.

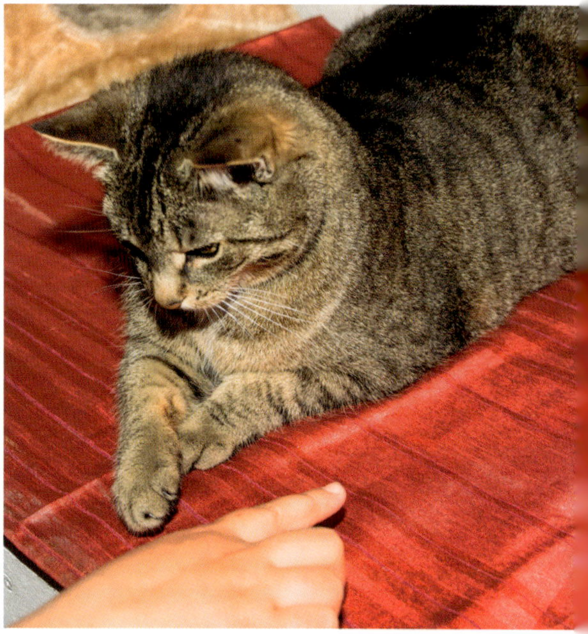

Ablauf statt. Sie reichen Ihr die Hand und sie muss nur mit der Pfote bestätigen, durch diese Verhaltenskette ist es schnell möglich das Kommando wegzulassen. Dies ist wichtig, weil wir für das Vorderpfotenkreuzen später ein anderes Kommando wollen.

diese Übung ein (zum Beispiel »Criss & Cross«, »Flip & Flop«, »Tip & Tap«.) Sobald das Kommando fest sitzt, können Sie den Zettel abbauen. Dazu lassen Sie ihn einfach immer kleiner werden, bis er vollständig weglassen werden kann. Sie können das gleiche auch mit der anderen Pfote machen. Warten Sie damit aber ruhig ein paar Tage, sodass sie die eine Seite festigen kann.

Bleib

Schicken Sie Ihre Katze in die Sitzposition. Clicken Sie und geben ihr ein Leckerli. Nun nehmen Sie eine Hand hoch und halten diese für das Tier gut sichtbar hin.
Ihre Katze wird Sie anschauen, dafür bekommt sie schon den nächsten Click und ihre Belohnung. Achten Sie darauf, dass sie sitzen bleibt. Nun gehen Sie einen halben Schritt rückwärts und gleich wieder nach vorn. Das wird belohnt, wenn Ihre Katze sitzen geblieben ist! Diesen Schritt sollten Sie einige Zeit üben, sodass Ihre Katze die Verknüpfung richtig begreifen kann. Sollte Ihre Katze aufstehen, um Ihnen nachzulaufen, sagen Sie nichts und beginnen einfach von vorn. Nun steigern Sie die Übung, indem Sie einen ganzen Schritt zurückgehen, dann anderthalb, dann zwei. Sobald Sie ein bis zwei Schritte rückwärtsgehen können und Ihre Katze sitzen bleibt, macht es Sinn, nun das Kommando einführen, z. B. »Bleib« oder »Warte«.

Wichtig: Sie müssen diese ein bis zwei Schritte mit dem Kommando eine Weile üben, sodass Ihre Katze den Zusammenhang zwischen dem Kommando und der Übung verstehen kann! Der Grund, warum Sie genau an dieser Stelle das

Auf Handzeichen sitzen bleiben.

Kommando einführen sollen, ist folgender: Wenn Sie sich später umdrehen und weggehen, kann Ihre Katze das Handzeichen nicht mehr sehen. Sobald Ihre Katze weiß, dass »Bleib« gleich warten bedeutet, können Sie aus zwei ruhig drei bis fünf Schritte werden lassen. Steigern Sie diese Übung gemächlich. Kommt Ihnen Ihre Katze einmal hinterher, ging es für sie zu schnell und Sie sollten den Schwierigkeitsgrad langsamer steigern. Wenn Sie einige Schritte gehen können, beginnen Sie damit, sich umzudrehen und wegzugehen. Denken Sie immer daran, die Übung kleinschrittig zu steigern. Hierzu ein paar Möglichkeiten:

1. Möglichkeit: Die Dauer

Ihre Katze lernt immer länger einfach dazusitzen, während Sie ein paar Schritte Abstand hereinbringen. Verlängern Sie die Zeit immer in kleinen Schritten, aus vier Sekunden werden sechs dann acht und so weiter. Lassen Sie aber nicht nur die Zeit länger werden, sondern kürzen Sie auch immer mal wieder die Zeit, sodass die Übung spannend und interessant bleibt. Überfordern Sie Ihre Katze nicht, zeigen Sie ihr in kleinen Zeitschritten, dass es sich lohnt zu warten.

2. Möglichkeit: Die Entfernung

Gehen Sie immer weiter weg von Ihrer Katze, angefangen bei zwei, dann drei, dann vier Schritten usw. Irgendwann können Sie auch den Raum wechseln. Aber auch hier gilt, immer in kleinen Schritten zu steigern. Sie können auch innerhalb eines Raumes hin und her gehen, während Ihre Katze sitzen bleibt. Seien Sie kreativ und üben Sie am Anfang in kleinen Schritten und mit wenig Ablenkung.

Gib-5

Ihre Katze gibt Ihnen erfolgreich Pfötchen, wenn Sie Ihre Hand hinhalten. Dann lassen Sie nun Ihre Hand Click für Click immer weiter höher wandern. Lassen Sie das Kommando weg, denn »Gib 5« bekommt natürlich ein eigenes Kommando. Sollte Ihre Katze leichte Probleme damit haben, dass Ihre Hand immer höher wandert, bringen Sie Abwechslung rein: mal höher, mal tiefer; mal auf einer Stelle verharren. Nach einigen Clickereinheiten wird sie das bestimmt nicht mehr stören. Jetzt müssen Sie Ihre Hand nur noch von einer waagerechten in eine senkrechte Stellung drehen. Manche Katzen nehmen das sofort hin, versuchen Sie es einfach mal. Sollte Ihre Katze das nicht so gut finden, drehen Sie die Hand Click für Click, sodass diese Zeit hat, sich daran zu gewöhnen. Erst wenn Ihre Katze Ihnen zuverlässig ihre Pfote auf Ihre senkrecht positionierte Hand gibt, fügen Sie das Kommando hinzu.

Winken.

Winken

Diese Übung schließt perfekt an die vorangegangene »Gib 5«-Übung an. Optimal wäre es, kein Kommando zu nutzen, da Sie diesen Trick ja ins Winken umändern möchten. Sobald Ihre Katze kurz davor ist, Ihre Hand zu berühren, ziehen Sie sie ein wenig nach unten. Ihre Katze muss also ihre Pfoten mit nach unten nehmen, um sie zu berühren. So haben Sie die erste Winkbewegung. Üben Sie diesen Teil über einige Clickereinheiten, sodass Ihre Katze sich an diese Bewegung gewöhnen kann. Die Hand als Hilfsmittel muss allerdings auch wieder abgebaut werden. Dazu lassen Sie sie einfach immer kleiner werden. Anstelle von fünf Fingern nehmen Sie nur noch vier, dann drei, bis Sie nur noch mit dem Zeigefinger dirigieren. Jetzt fügen Sie das Kommando hinzu.

Der Trick heißt »Geh auf deine Decke« – nicht jede Katze macht dies so wie Finja.

Nach einigen Tagen der Übung wird Ihre Katze nun immer zuverlässig auf das Kommando mit Ihrem Finger zusammen winken. Nehmen Sie nun auch die Geste mit dem Finger immer weiter zurück. Deuten Sie das Führen nur noch an, bald brauchen Sie nur noch aus der Entfernung das Winken andeuten. Dies können Sie als Handzeichen bestehen lassen.

Geh-auf-deine-Decke

Nehmen Sie sich eine Decke oder ein Handtuch. Benutzen Sie in den ersten Wochen bitte immer ein und dasselbe. Wenn Sie es immer wieder wechseln, verwirren Sie das Tier damit nur unnötig.
Setzen Sie sich ganz dicht hinter die Decke, in Ihrer Reichweite sind Clicker und Belohnung. Ihre Katze ahnt vielleicht schon, dass gleich etwas losgehen wird und setzt sich möglicherweise schon erwartungsvoll vor Sie. Und schon kann geclickt werden, denn schon dafür können Sie die Katze positiv bestätigen. Das Belohnungshäppchen werfen Sie etwas weg, sodass sie aufstehen muss, um es zu bekommen. Nachdem sie es gefressen hat, machen Sie erst einmal gar nichts, warten Sie nur auf die Reaktion der Katze. Wenn Sie eine neugierige Katze haben, wird sie sich nach einiger Zeit wieder vor Sie setzen – Click und Belohnung folgen.
Wiederholen Sie dies so lange, bis Ihre Katze verstanden hat, dass sie nur dann eine Belohnung bekommt, wenn sie vor Ihnen auf der Decke sitzt. Nun können Sie von der Decke ein kleines Stück weiter wegrutschen und alles wiederholen. Clicken Sie immer, wenn die Katze auf der Decke sitzt. Sollte Ihre Katze nun nicht mehr auf die Decke gehen, müssen Sie wieder einen Schritt weiter vorher ansetzen, denn dann hat Ihre Katze noch nicht verstanden, dass sie sich vor Sie auf die Decke setzen soll. Sollte dieser Schritt auch klappen, können Sie den Abstand zur Decke immer weiter vergrößern. Sollten Sie Ihre Katze gar nicht auf die Decke bekommen, können Sie auch hierfür Hilfsmittel benutzen, beispielsweise einen Targetstab oder Leckerlis. Dazu halten Sie das Hilfsmittel direkt über die Decke und clicken, sobald die Katze die Decke betritt. Lassen Sie die Decke zusätzlich wandern, sodass Ihre Katze merkt, dass es um die Decke geht. Wenn sie immer zuverlässig darauf geht, führen Sie das Kommando ein.

Gib-Küsschen

Küsschen geben – eine Übung, in der besonders viel Nähe zugelassen werden muss.

Beugen Sie Ihren Kopf ganz nah zur Katze, sodass diese Ihre Wange berühren kann. Nehmen Sie sich den Targetstab und führen diesen Click für Click immer dichter an Ihre Wange. Nicht jede Katze liebt so engen Kontakt mit Ihrem Menschen, daher kann dies für einige eine große Überwindung sein. Üben Sie das also langsam und in vielen kleinen Schritten, bis Ihre

Die Katze kickt mit Vergnügen den Korken.

Katze genug Vertrauen gesammelt hat. Fügen Sie nun ein Kommando ein, z. B. »Küsschen«. Sobald Ihre Katze verstanden hat, dass Sie auf Kommando an Ihre Wange soll können Sie das Target weglassen.

Gegenstände-umwerfen

Nehmen Sie den Korken in die Hand, sodass Ihre Katze ihn sehen kann. Lassen Sie sich Pfötchen auf den Korken geben. Je nach Katze geht dies relativ schnell. Manche Katzen, die sich immer schwer mit Änderungen tun, werden ein paar Tage brauchen, bis sie der Korken in der Hand nicht mehr stört. Lassen Sie nun Ihre Hand mit dem Korken immer weiter nach unten wandern, Click für Click. Achten Sie auf Ihre Katze – fällt ihr das schwer, üben Sie einige Tage lang dieses Tiefergehen. Irgendwann haben Sie es geschafft und Ihre Hand liegt auf dem Boden. Stellen Sie nun den Korken auf Ihre Hand und lassen die Katze weiter den Korken berühren oder gar schon umschubsen. Fügen Sie ein Kommando ein. Sobald dieses Kommando richtig verknüpft ist, können Sie Ihre Hand weglassen. Ihre Katze wird den Korken auf Kommando umschubsen.

Sie können diesen Trick mit sämtlichen weiteren Gegenständen üben, bedenken Sie aber, dass Ihre Katze erst begreifen muss, dass der Trick bei allen Gegenständen die gleiche Basis hat. Nach einiger Übung wird Ihre Katze das aber sehr schnell verstanden haben.

Leckerli-fangen

Lassen Sie Ihre Katze hinsetzen oder warten Sie, bis sie sich setzt. Nehmen Sie sich ein Leckerli zwischen Zeigefinger und Daumen und zeigen dies Ihrer Katze ganz genau. Halten Sie Ihre Hand schön auf Wurfhöhe, also auf Höhe des Köpfchens der Katze.

Phine beim Fangen ihrer Belohnung.

Lassen Sie das Leckerli in Wurfrichtung zwischen Ihren Fingern in ihr Maul wandern (wie bei einem Kleinkind, wenn der Löffel zum Mund »fliegt«). Diese Bewegung sollten Sie am Anfang relativ langsam ausführen, Ihre Katze muss erst einmal begreifen, dass sie so nun gefüttert wird. Sobald Sie merken, dass sie das Leckerli nicht aus den Augen verliert und es beobachtet, clicken Sie. Da Ihre Katze nun auf Ihr fliegendes Leckerchen achtet, können Sie die Geschwindigkeit anheben. Viele Katzen setzen sich auf und nutzen ihre Vorderbeine als Fanghilfe. Alle Verhaltensweisen, die Ihre Katze zeigt und die das Fangen erleichtern, clicken Sie. Nach einigen Versuchen können Sie einfach einen Wurf-Versuch starten. Fängt Ihre Katze clicken Sie und geben gleich noch ein Leckerchen hinterher. Fängt Ihre Katze noch nicht, üben Sie einfach weiter. Sie wird ihre Technik noch finden.

Slalom-durch-die-Beine

Beginnen Sie damit, dass Ihre Katze eine längere Strecke am Nasentarget läuft, am besten links neben Ihnen. Laufen Sie einige Schritte, halten Sie dabei das Target in der rechten Hand. Wenn das gut klappt, machen Sie einfach einen größeren Schritt und halten das Nasentarget zwischen Ihre Beine, sodass Ihre Katze nun durch Ihre Beine laufen muss. Clicken Sie und belohnen Sie Ihre Katze. Dasselbe machen Sie natürlich auch auf der anderen Seite. Üben Sie das Ganze ein paar Tage lang. Jetzt können Sie die Übung langsam steigern, indem Sie nun nicht jedes Mal clicken, wenn sie durch Ihre Beine geht, sondern erst bei jedem zweiten Mal. Sobald Ihre Katze mehrmals im Slalom durchgelaufen ist, können Sie beginnen, ein Kommando einzufügen. Sobald das Kommando richtig verknüpft ist, können Sie das Target abbauen. Deuten Sie die Richtung nur noch an, nach einiger Zeit können Sie es auch das komplett weglassen und Ihre Katze geht auf Kommando durch Ihre Beine, natürlich im Slalom.

Gib-10

Lassen Sie sich von Ihrer Katze Pfötchen geben. Clicken Sie nicht sofort, warten Sie stattdessen eine Sekunde. Ziel ist es, dass Ihre Katze Ihnen länger Pfötchen gibt. Nur so können Sie Zeit schinden, um mit der zweiten Pfote zu arbeiten. Versuchen Sie kein Kommando zu nutzen, sondern reichen Sie ihr nur Ihre Hand. Gibt sie Ihnen nun wesentlich länger Pfötchen, clicken Sie nicht! Reichen Sie Ihrer Katze währenddessen die andere Hand zur anderen Pfote hin. Jedes kleine Zucken der zweiten Pfote wird sofort geclickt. Dieser Schritt dauert oft einige Male, haben Sie Geduld. Sollte Ihre Katze keine Reaktion mit der zweiten Pfote zeigen, können Sie sie animieren, indem Sie diese einfach leicht antippen. Nach einigen Übungseinheiten wird Ihre Katze verstanden haben, dass Sie Pfötchen eins geben soll und die Bewegung von Pfötchen Nummer zwei wird positiv bestätigt.

Der zweite Teil dieser Übung ist etwas schwerer, denn um richtig beide Pfötchen zu geben, muss Ihre Katze sich ins Männchen setzen und sich leicht bei Ihnen abstützen. Einige Katzen machen dies mehr als ungern. Haben Sie daher viel Geduld. Nach einiger Zeit wird es ganz bestimmt klappen. Doch Sie wollen dies ja in ein »Gib 10« verwandeln. Das bedeutet, dass Sie Ihre Hand Click für Click immer höher wandern lassen müssen. Jetzt müssen Sie Ihre Hand nur noch Click für Click von der

Gib-zehn!

waagerechten Lage in die senkrechte drehen. Sobald Ihre Katze damit keine Probleme hat und Ihnen nun zuverlässig beide Pfoten gibt, können Sie das Kommando hinzufügen.

Putzen-auf-Kommando

1. Möglichkeit: Benennen des Verhaltens

Das Putzen auf Kommando kann man mit zwei verschiedenen Möglichkeiten beibringen. Die erste bedeutet, natürliches Verhalten einzufangen. Katzen sind sehr reinlich und verbringen sehr viel Zeit mit der Fellpflege, daher kann man dieses Verhalten einfach benennen. Haben Sie Clicker und ein paar Leckerlis einfach in der Hosentasche. Sobald sich Ihre Katze von alleine putzt, benennen Sie dieses Verhalten einfach. Sie geben dem Putzen einen Namen, also ein Kommando, clicken und geben Ihrer Katze ein Leckerli. Es wird einige Tage brauchen, bis Ihre Katze das Verhalten mit dem Kommando verknüpft hat.

Testen Sie einfach zwischendurch, ob Ihre Katze es schon verstanden hat. Dazu sagen Sie das Kommando. Putzt Ihre Katze sich, dann gibt es ein Jackpot-Leckerli. Klappt dies noch nicht, benennen Sie das Verhalten einfach weiter.

2. Möglichkeit: Mit Hilfsmittel arbeiten

Nutzen Sie die natürliche Reinlichkeit von Katzen. Nehmen Sie eine für Ihre Katze leckere Paste, z. B. Vitaminpaste, und schmieren ihr einen ganz kleinen Punkt auf die Pfote. Sofort wird Ihre Katze versuchen, diese abzulecken. Da sie schon durch die leckere Paste ihre Belohnung bekommt, brauchen Sie nur noch zu clicken. Fügen Sie nach sicherer Ausführung dieses Übungsschrittes das Kommando hinzu. Auch bei dieser Möglichkeit wird es ein wenig dauern, bis das Kommando mit dem Verhalten verknüpft ist.

Zurückgehen

Bei diesem Trick wird ausnahmsweise mal mit einem Leckerli gelockt, weil das Target hierfür leider nicht beweglich genug ist. Man könnte auch mit einem kleinen Bodentarget arbeiten, aber auch dies würde es komplizierter machen als es ist, daher hier die Variante mit Leckerli.

Zeigen Sie Ihrer Katze, dass Sie ein Leckerli in die Hand nehmen. Halten Sie dieses direkt vor sie. Beachtet die Katze es, können Sie schon clicken und es ihr geben. Das nächste Leckerli halten Sie nun etwas weiter runter, etwa auf Schulterhöhe. Beugt Ihre Katze den Kopf, können Sie diese Reaktion schon clicken. Wichtig ist, dass sie dem Leckerli folgt. Soll Ihre Katze nun den ersten Schritt zurück machen, ist es notwendig, das Leckerli ganz dicht an die Katze zu halten. Wenn sie es fressen möchte, muss sie nun einen Schritt zurückgehen – Sie clicken und belohnen diesen sofort. Beginnen Sie zunächst mit einem Schritt, überfordern Sie Ihre Katze nicht. Sobald Ihre Katze nun immer regelmäßig zurückgeht, um an das Leckerli zu kommen, gehen Sie beim nächsten Leckerchen noch ein kleines Stück mit nach hinten. So muss Ihre Katze noch etwas weiterrücken. Dies belohnen sie mit einem Click und der Belohnung – schon macht Ihre Katze zwei Schritte rückwärts.

Putzen auf Kommando.

Üben Sie dies weiter, bis sie ein paar Schritte macht und fügen Sie dann ein Kommando hinzu. Sobald das Kommando verknüpft ist, wird Ihre Katze auch ohne das Leckerli zurückgehen. Als Hilfe können Sie aber Ihre Hand trotzdem so halten wie bisher, allerdings ohne Leckerli. Nach einiger Zeit können Sie so ein Handzeichen aufbauen, denn Sie werden merken: mit immer mehr Übung ist es gar nicht mehr nötig die Hand groß mit nach hinten zu bewegen.

Miauen-auf-Kommando

Als erstes sei gesagt, dass es einige Katzen gibt, die sehr gerne und sehr viel mauzen. Die folgende Übung kann dies natürlich verstärken, denn wenn eine Katze dafür sogar belohnt wird, könnte dies als Motivation für häufige Wiederholungen dienen.

Ein Mauzen kann man nicht wirklich provozieren, daher müssen Sie Clicker und Leckerlis immer parat in der Hosentasche haben. Nur so können Sie jede Situation im Alltag einfangen und entsprechend für diesen Trick nutzen. Es gibt natürlich gewisse Situationen, in denen die Stubentiger besonders gerne mauzen. Wenn Sie Ihrer Katze das Mauzen auf Kommando beibringen wollen, können Sie solche Situation eventuell öfter schaffen. Mauzt Ihre Katze, clicken Sie. Sie werden bald erkennen lernen, wann Ihre Katze kurz davor ist. Wenn Sie nun wissen, wann Ihre Katze mauzen wird, können Sie Ihr Kommando sagen. Ihre Katze mauzt und Sie clicken und belohnen sie ausgiebig.

Hinweis

Clicken Sie nur einmal pro Situation, sonst entwickelt sich Ihre Katze schnell zum Sänger.

Beinkreisen

Beginnen Sie, indem Sie Ihre Katze dem Nasentarget folgen lassen. Nähern Sie sich immer weiter Ihren Beinen. Click für Click lassen Sie nun Ihre Katze um Ihre Beine gehen. Katzen, die dem Target gut folgen, werden diese Übung sehr schnell durchschaut haben. Wenn Ihre Katze dem Target nicht so gut folgt, clicken und belohnen Sie einfach sehr häufig. Bis Ihre Katze einmal komplett herumgegangen ist, können Sie Ihre zwanzig Leckerlis für die Trainingseinheit aufgebraucht haben. Ist Ihre Katze eine Runde rum, belohnen Sie sie mit einem Jackpot!

Beginnen Sie bei der nächsten Trainingseinheit wieder genauso. Bauen Sie aber Einheit für Einheit ein bis zwei Leckerlis pro Umrundung ab. Nach einigen Übungseinheiten brauchen Sie nur noch ganz wenige Leckerlis und können die Übung während einer Einheit schon mehrmals machen. Ab hier können Sie beginnen ein Kommando hinzuzufügen, bevor Sie Ihre Katze mit dem Target rumschicken. Nach vielen Einheiten werden Sie nur noch ein Leckerli am Ende der Runde benötigen. Sobald dies der Fall ist, beginnen Sie mit dem Abbau des Targets. Deuten Sie den Weg mit dem Target nur noch an und geben das Kommando. Belohnen Sie Ihre Katze am Ende der Runde mit einem Jackpot.

Gegenstand-auf-dem-Kopf-balancieren

Viele Katzen mögen diesen Trick nicht, aber es ist dennoch zu schaffen. Mit Hilfe der positiven Verstärkung kann er am Ende sogar Spaß machen. Fangen Sie an, indem Sie mit Ihrer Hand an das Köpfchen Ihrer Katze fassen. Findet sie dies allein schon gruslig, nähern Sie sich bitte Click für Click. Sobald Sie den Kopf erreicht haben legen Sie die flache Hand darauf. Das wird dann auch schon mit einem Jackpot belohnt. So zeigen Sie Ihrer Katze, dass etwas auf dem Kopf zu haben sehr schön sein kann. Nach einigen Übungseinheiten können Sie einen kleinen, leichten Gegenstand in die Hand nehmen. Zeigen Sie diesen Ihrer Katze, clicken Sie ruhig, wenn Sie an diesem schnuppert. Alles wird positiv belegt. Beginnen Sie nun mit der Annäherung von vorn, denn nun haben Sie ja einen Gegenstand in der Hand. Da Ihre Katze diese Annäherung ohne Gegenstand schon kennt, wird ihr diese Situation mit Gegenstand nicht ganz so schwer fallen, es sei denn, sie hat Angst vor dem Gegenstand. Sobald es Ihre Katze nicht weiter stört, dass sie mit einem Gegenstand in der Nähe ihres Kopfes sind, können Sie anfangen, sie mit dem Gegenstand am Kopf zu berühren. Lassen Sie die Berührung Click für Click intensiver werden. Achten Sie aber darauf, dass Ihre Katze kein Meideverhalten zeigt (z. B. Wegziehen des Kopfes). Akzeptiert Ihre Katze dies soweit, können Sie langsam versuchen, den Ge-

genstand auf den Kopf zu stellen. Lassen Sie diesen aber bitte noch nicht los, denn Sie sollen ihn zunächst nur für eine Sekunde aufstellen – clicken und sofort wieder hochnehmen. Belohnen Sie Ihre Katze mit einem Jackpot. Steigern Sie die Dauer des Kontakts Click für Click um Sekunden. Lassen Sie aber den Gegenstand noch nicht los. Denn sollte Ihre Katze den Kopf wegziehen, würde der Gegenstand einfach herunterfallen und sie möglicherweise sogar noch erschrecken. Da dies viel zu viele Rückschritte wären, halten Sie den Gegenstand einfach noch weiter fest.
Nach einigen Übungseinheiten ist der Gegenstand nun schon für mindestens zehn Sekunden auf dem Kopf der Katze. Wenn dies Ihre Katze tatsächlich nicht stört, fügen Sie ein Kommando hinzu, indem Sie, bevor sie den Gegenstand abstellen, das gewünschte Wort sagen. Sobald Ihre Katze verstanden hat, dass auf das Kommando ein Gegenstand auf dem Kopf folgt, können Sie den Gegenstand für kurze Zeit loslassen. Click für Click wird die Zeit dann verlängert.

Elefantendrehen

Ich nenne diesen Trick Elefantendrehen, weil es ein typischer Trick ist, den Elefanten im Zirkus machen. Viele haben dies schon gesehen, ein Elefant steigt auf eine runde Kiste, die vor ihm steht. Er steigt mit den Vorderbeinen hinauf, posiert sehr schön und beginnt dann nur mit den Hinterbeinen um diese runde Kiste zu gehen.
Für diesen Trick bringen Sie Ihrer Katze zunächst bei, mit den Vorderbeinen auf die Kiste zu gehen. Dazu nehmen Sie das Nasentarget und halten es dicht an die Kiste. Geht Ihre Katze hin, clicken und belohnen Sie sie. Lassen Sie das Target nun Click für Click immer weiter über die Kiste wandern. Ihre Katze muss nun irgendwann auf die Kiste steigen, um das Target zu erreichen. Sobald Ihre Katze auch nur einen Fuß auf der Kiste hat, bekommt sie ein Jackpot-Leckerli. Zeigen Sie Ihrer Katze, dass genau dies das Verhalten ist, welches Sie wünschen. Nach ein paar Übungseinheiten steht Ihre Katze mit beiden Vorderpfoten auf der Kiste, dann können Sie nun ein Kommando hinzufügen. Sobald Ihre Katze dies verknüpft hat, können Sie das Target weglassen. Sie sprechen das Kommando aus und Ihre Katze steigt mit beiden Vorderpfoten auf die Kiste. Warten Sie nun einfach einmal ab, viele Katzen stehen nicht lange still. Sobald sie eine Hinterpfote bewegt, wird dies geclickt – so lange, bis Ihre Katze verstanden hat, dass sie die Hinterbeine nutzen muss, um einen weiteren Click plus Belohnung zu bekommen.

Sollte Ihre Katze sich einfach nicht bewegen, können Sie versuchen sie leicht zu lenken. Oft reicht es schon, wenn die menschliche Hand sich der Hüfte nähert, damit die Katze ein Hinterbein anhebt. Denken Sie daran: Ihre Katze muss noch gar keinen Schritt machen, es reicht, wenn sie erst einmal versteht, dass es um die Hinterbeine geht. Nach einiger Zeit, wenn Ihre Katze zuverlässig die Hinterbeine bewegt, können Sie mit Hilfe des Targets leicht zum Drehen auffordern. Dazu halten Sie das Nasentarget nicht vor die Nase, sondern leicht seitlich, sodass sie einen Schritt mit den Hinterbeinen machen muss, um dort ranzukommen. Sollte Ihre Katze mit den Vorderbeinen gehen, beachten Sie dies einfach gar nicht.
Nach einigen Übungseinheiten wird sie sich wie ein Zirkuselefant im Kreis drehen. Haben Sie allerdings Geduld, dies ist ein schwieriger Trick.

Probleme und Lösungen

Clickern mit …

Nicht jeder von uns fängt mit einer neugierigen, kleinen Katze an zu clickern. Dies wirft für so manch einen Fragen und Probleme auf, die andere Katzenbesitzer gar nicht kennen. Viele Menschen hören dann auf zu clickern, was ich persönlich sehr schade finde, denn nicht nur kleine, neugierige Kätzchen wollen beschäftigt werden. Auch ältere Tiere oder scheue Katzen haben hier eine wunderbare Möglichkeit, eine besondere Bindung zu ihrem Menschen aufzubauen.

… Älteren Katzen

Wer mit einer älteren Katze anfängt zu clickern, sollte mehrere Dinge bedenken: Hört Ihre Katze noch gut? Sieht Sie noch ausreichend? Welche Tricks könnten ihr körperlich zu schwer sein? Welche Tricks könnte ich nutzen, um sie wieder agiler werden zu lassen, z. B. bei Arthrose?
Wenn Ihre Katze nicht mehr gut hört, oder gar von Geburt an taub ist, können Sie trotzdem clickern, Sie können hier einfach zu einer Taschenlampe greifen. Die klassische Konditionierung würde dann folgendermaßen ablaufen:

Als erstes muss die Katze lernen, dass das Licht bedeutet: »Hey, das hast du richtig gemacht, gleich kommt die Belohnung« – ganz im Sinne der klassischen Konditionierung. Wie macht man das? Nehmen Sie circa zehn bis fünfzehn Leckerlis, am besten welche, die die Katze besonders gerne frisst. Sie sollten nicht zu groß sein, damit die Katze sie besser fressen kann und nicht so schnell satt wird. Jetzt nehmen Sie sich Ihre Lampe und setzen sich vor Ihre Katze. Nun leuchten Sie (aber bitte nicht direkt in die Augen!) und schon gibt es auch das erste Leckerli. Sie dürfen bei der Gabe des Leckerlis nicht trödeln, denn die Katze soll ja lernen, dass Licht gleich Futter bedeutet. Das machen Sie mit den ganzen zehn bis fünfzehn Leckerlis. Die meisten Katzen haben dann schon begriffen, dass nach dem Licht eine Belohnung erfolgt und schauen schon ungeduldig, wo sie bleibt. Sollten Sie das Gefühl haben, sie hat es noch nicht verstanden, machen Sie einige Stunden später die Übung erneut.

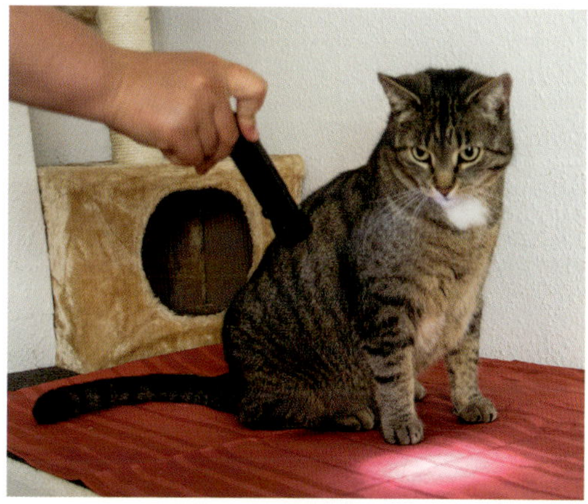

Es muß nicht immer der Clicker sein – für gehörlose Katzen eignet sich auch die Taschenlampe.

Nasentarget in Nahansicht.

Sollte Ihre Katze nicht mehr ausreichend sehen, sollten Sie z. B. ein sehr großes Nasentarget nutzen, sodass Ihre Katze dies auch finden kann. Sollte Ihre Katze auch dies nicht mehr sehen, arbeiten Sie mit viel Körperkontakt: helfen Sie ihr, sich zurechtzufinden. Je nach Alter und körperlichen Gebrechen sollten Sie darauf achten manche Tricks nicht auszuführen. Hat Ihre Katze z. B. Probleme beim Springen, lassen Sie diese Tricks einfach weg. Passen Sie alles an Ihre Katze an.

Das Training auf dem Balance-Board

Viele kennen es aus dem Sport oder von den Spielkonsolen: das sogenannte Balance-Board oder Wackelbrett. Interessant ist es jedoch nicht nur für uns Menschen. Auch Katzen können mit einem Balance-Board fit werden und bleiben.

TIPP

Der wahrscheinlich schwerste Punkt mit einer älteren Katze zu clickern ist der, dass Ihre Katze erst lernen muss, dass sie auf einmal für die Leckerlis arbeiten soll, die es all die Jahre zwischendurch einfach so gab. Dies lässt die meisten Katzenbesitzer zweifeln. Ich selbst clicker auch mit einer dreizehnjährigen Katze, daher kenne ich dieses Problem und kann Ihnen raten: bleiben Sie dran, geben Sie nicht auf, es lohnt sich. Es ist nämlich einfach wunderbar mit anzusehen, wenn Ihre Katze nach einiger Zeit zum Clickerplatz rennt und Sie ruft, weil sie sich auf das Training mit Ihnen freut.

Bruce auf dem Balance-Board.

Das Balance-Board birgt nicht nur jede Menge Spaßpotenzial. Es bringt insbesondere zahlreiche gesundheitliche Vorteile mit sich. So fördert es Gleichgewichtssinn und Koordinationsfähigkeit, verbessert das Reaktionsvermögen und trainiert die Bein-, Rumpf- und Rückenmuskulatur, ohne die Gelenke zu belasten. Vor allem Wohnungskatzen verfügen aus Mangel an naturnahen Kletter- und Balanciermöglichkeiten häufig über geringeres Körperbewusstsein und weniger Köperbeherrschung. Auch hier kann das Balance-Board Abhilfe schaffen und der Katze zu einer besseren Körperwahrnehmung verhelfen. Außerdem steigert es die Konzentrationsfähigkeit und sorgt für geistige wie körperliche Auslastung.

Balance zu halten ist sehr anstrengend. Deshalb ist das Balance-Board auch ideal geeignet, um überflüssige Pfunde loszuwerden. Ältere oder rekonvaleszente Katzen (z. B. nach Operationen) können sanft zu mehr Mobilität angeregt werden. Wichtig ist hier jedoch, vorab den Tierarzt oder Physiotherapeuten um eine Einschätzung zu bitten, was Sie Ihrer Katze zutrauen können bzw. sie sich selbst zutrauen darf. Von Vorteil ist immer, wenn das Tier das Board schon kennt und mit ihm vertraut ist. Ebenfalls wichtig: das Training mit dem Balance-Board sollte nicht nur Mittel zum Zweck sein. Sehen Sie es als Möglichkeit, Qualitätszeit mit Ihrer Katze zu verbringen, Zeit, die wertvoll für Sie beide ist, Ihnen beiden Freude bereiten und so ein inniges, beiderseitiges Vertrauen fördern soll. Seien Sie geduldig.
Vor allem am Anfang kann das Training ein wenig unbeholfen wirken. Doch auch das kommt Ihrem Tier zugute. Gerade für Wohnungskatzen ist das Balance-Board aufgrund des fehlenden Auslaufes eine tolle Beschäftigung. Wie oben schon kurz erwähnt, sind Katzen mit Freigang sehr viel unterwegs, klettern auf Bäume, ziehen sich an Mauern hoch oder balancieren über Zäune und Äste. Reinen Stubentigern fehlen diese Möglichkeiten in der Regel. Meist bleibt ihnen nur der Kratzbaum, um sich auszupowern. Die Herausforderungen eines echten Baumes kann der Kratzbaum jedoch nicht ersetzen. Hier bietet das Balance-Board eine ideale Auslastungsmöglichkeit.

Das Balance-Board wird auf eine rutschfeste Unterlage gelegt oder sollte selbst rutschfest sein.

1. Schritt: Ziel ist, dass die Katze Interesse an dem Board zeigt.

Legen Sie das Balance-Board gut mittig in den Raum sowie Leckerlis und Clicker bereit.
Rufen Sie nun nach Ihrer Katze. Achten Sie gut auf sie, denn Katzen sind von Natur aus sehr neugierig und bemerken jede Veränderung im Raum. Ihre Katze wird also, wenn sie den Raum betritt, das Balance-Board anschauen. Ihr erster Moment, diesen ersten Blick, bitte durch Click und Leckerli bestätigen. Zeigt Ihre Katze weiterhin Interesse an dem Board, z. B. durch ein intensives Anschauen oder Schnuppern, können Sie dies ebenfalls immer durch Click und Leckerli belohnen. Sollte Ihre Katze nun bei Ihnen sein und das Board nicht mehr beachten, können Sie ihr das Board auf verschiedene Arten zeigen.

Die Katze wird mit dem Target auf das Board geführt ...

... und dann noch Schritt für Schritt über die Mitte herüber gelockt.

1. Möglichkeit: Tippen Sie mit dem Finger auf das Board. Sobald Ihre Katze in dessen Richtung schaut oder sogar hingeht, folgen Click und Belohnung.

2. Möglichkeit: Wenn Ihre Katze sich nicht für Ihren Finger interessiert, nehmen Sie ein Leckerli zur Hilfe. Somit locken Sie die Blicke der Katze in Richtung Board.

Wiederholen Sie dies ein paar Mal, sodass Ihre Katze versteht, dass es sicht um das Board dreht. Sie dürfen alles was die Katze mit dem Board macht natürlich mit dem Clicker bestätigen, z. B. Blicke, schnuppern, daran reiben. Sobald Ihre Katze das verstanden hat, kann es mit Schritt 2 weitergehen.

Schritt 2: Ziel ist, dass die Katze eine Pfote auf das Board stellt

Wenn Ihre Katze das Bodentarget kennt, sagen Sie nun das Kommando fürs Antippen, clicken und belohnen Sie die Ausführung. Wiederholen Sie diese Übung wieder, sodass Ihre Katze nun zuverlässig das Balanceboard mit der Pfote antippt. Oder Sie versuchen durch leichtes Kratzen am Board Ihre Katze zu animieren, mit der Pfote das Board zu berühren. Denken Sie daran jeden noch so kleinen Schritt durch Click und Leckerli zu belohnen. Eine Pfote heben oder leichtes Streifen des Boards ist schon ein großer Schritt. Denn wie immer im Training ist der Weg das Ziel! Wiederholen Sie diesen Teilschritt wieder ausgiebig.

Ihre Katze tippt nun zuverlässig mit dem Pfötchen auf das Board, nun warten Sie einfach eine halbe Sekunde mit dem Click, sodass Ihre Katze es noch eine halbe Sekunde länger auf dem Board lässt. Diese halbe Sekunde dehnen Sie folgend immer weiter aus, bis die Katze schließlich ihre Pfote für einige Zeit drauf lässt.

Schritt 3: Ziel ist, dass Ihre Katze beide Pfoten aufs Bord stellt.

Der nächste Schritt wird sein, dass die Katze beide Pfoten aufs Brett stellt. Dazu gibt es wieder verschiedene Möglichkeiten:

1. Möglichkeit: Wenn Ihre Katze mit dem Nasentarget gut arbeitet, können Sie sie damit locken, sodass sie beide Pfoten auf Board stellen muss.

2. Möglichkeit: Wenn Ihre Katze das Nasentarget nicht kennt, können Sie sie auch mit einem Leckerli locken.

Wichtig ist bei beiden Möglichkeiten, dass Sie sofort clicken, sobald Ihre Katze das zweite Pfötchen anhebt. Auch hier sollten Sie wieder kleinschrittig arbeiten, damit Ihre Katze keine Fehler machen kann. Durch eine ausgiebige Belohnung zeigen sie Ihrer Katze, dass es sich lohnt die zwei Pfoten einzusetzen. So wird sie auch ziemlich schnell mit beiden Vorderpfoten auf dem Board stehen. Bitte locken Sie Ihre Katze noch nicht über die Mitte herüber, denn hier würde das Board kippen, und eventuell den Bauch der Katze streifen. Dies kann die Katze erschrecken. Da die Katze noch nicht sicher mit der Übung ist, kann dies große Rückschritte bedeuten, denn erst wenn sie etwas richtig kann, darf es auch schwerer werden.

Je nach Bedarf kann an dieser Stelle das erste Kommando eingesetzt werden, (z. B. »Rauf« oder »Hoch«). Ob mit oder ohne Kommando, üben Sie diesen Schritt einige Tage, nur so kann Ihre Katze ein Gefühl für das wackelnde Board entwickeln und der nächste Schritt wird nicht so schwierig. Schauen Sie Ihrer Katze beim Training zu, Sie werden merken: Je länger Sie diesen Schritt üben, umso sicherer wird Ihre Katze. Sollten Sie ein Kommando einführen wollen, geht dies sehr leicht. Sie sagen es ihr einfach und locken sie wieder aufs Board: Click und Belohnung. Sie wird nach und nach das Kommando mit dem Betreten des Boards verknüpfen und es wird kein Locken mit Leckerli mehr nötig sein.

Schritt 4: Ziel ist, dass Ihre Katze nun über die Mitte hinausgeht und das Board kippt.

Da Ihre Katze nun sicher mit oder ohne Kommando aufs Board kommt, können Sie einen Schritt weiter gehen. Dies kann für einige Katzen einen kleinen Rückschritt bedeuten, weil das Board seine Stellung ändern wird, während die Katze draufsteht. Dadurch wird das Tier verunsichert. Lassen Sie sich davon nicht entmutigen.

Ihre Katze steht mit beiden Vorderbeinen mittig auf dem Brett, locken Sie sie nun etwas weiter, jeder kleine Schritt wird geclickt, nur so wird das Wackeln und Kippen positiv verknüpft. Wenn die Katze weiter nachkommt, wird das Board irgendwann kippen. Belohnen Sie diesen Kippvorgang besonders (Jackpot: Extra Leckerli, Streicheleinheit usw.) Diesen Kippvorgang sollten Sie lange und sehr ausgiebig üben. Einige Katzen finden diesen Vorgang gar nicht schlimm, andere wiederum wollen nun kaum noch aufs Board. Für Katzen denen der Kippvorgang nicht gefällt, heißt es nun, mit Geduld die bisherigen Schritte zu wiederholen. Stück für Stück wird auch die ängstlichste Katze merken, dass es doch positiv ist wenn das Board kippt. Gemeinsam diesen schweren Schritt schaffen! Das ist eine Übung, bei der Sie ganz viel an der Bindung zu Ihrer Katze arbeiten. Sobald Ihre Katze es geschafft hat und nun sicher aufs Board geht und es kippen lässt, hat Ihre Katze gelernt, dass die Übung mit dem Board auch manchmal ziemlich wacklig sein kann, dies aber nicht schlimm ist. Sie wird selbstsicher werden.

Schritt 5: Ziel ist, dass Ihre Katze eine dritte Pfote aufs Board stellt.

Ihre Katze geht nun sehr sicher mit dem Board um, nun können wir uns weiterbewegen und uns mit den Hinterbeinen beschäftigen, denn diese sollen ja auch noch mit auf das Board. Dazu sollte Ihre Katze als Ausgangsposition den in Schritt vier der Übung gelernten Stand haben, also mit beiden Vorderpfoten und einem bereits gekippten Board. Locken Sie nun Ihre Katze einfach noch ein wenig mehr aufs Brett. Auch hier wird wieder in kleinen Schritten gearbeitet, auch

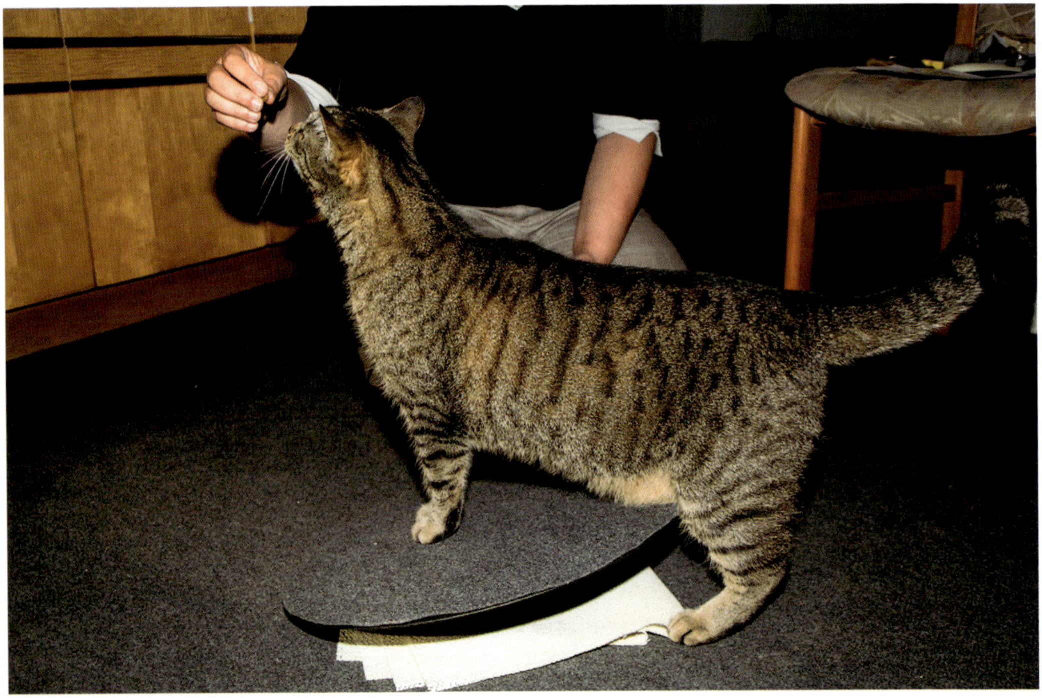

Das Board sollte bei dieser Übung auf keinen Fall wegrutschen.

wenn Ihre Katze noch kein Hinterbein auf dem Board hat, sich weiter nach vorne zu beugen ist auch wieder eine Gewichtsverlagerung auf dem Board. Kommt Ihre Katze beim Locken vom Board mit den Vorderbeinen runter vom Brett, clicken Sie nicht und beginnen einfach von vorne. Es kann ein bisschen dauern, bis Ihre Katze begreift, dass sie trotz des Lockens auf dem Board bleiben soll.

Halten Sie beim Locken das Target oder Leckerli ein bisschen oberhalb vom Kopf der Katze. So muss Ihre Katze nicht über das Board hinaus aber weiter rauf. Achten Sie dabei immer auf die Hinterbeine der Katze. Sobald sie sie auch nur anhebt oder sogar schon leicht auf den Rand stellt, clicken und belohnen Sie ausgiebig. Aber ACHTUNG: auch hier kann wieder ein kleiner Rückschritt kommen, denn wenn Ihre Katze das Bein auf das Board stellt, gibt es wieder eine Gewichtsverlagerung und das Board kippt sich wieder etwas mittig, somit kommt der Körper und die Vorderbeine wieder weiter nach oben. Üben Sie diesen Kippvorgang wieder ausgiebig und in mehren Trainingseinheiten.

Schritt 6: Ziel ist, dass Ihre Katze mit allen vier Pfoten auf dem Board steht.

Jetzt kommt die letzte Pfote auf das Board. Dazu locken Sie Ihre Katze wieder etwas weiter hinauf. Haben Sie ein wenig Geduld, denn sie muss bei diesem letzten Schritt den Rest sicheren Boden aufgeben. Je nachdem wie gut und ausgiebig Sie die anderen Schritte geübt haben, wird es leichter oder schwerer sein. Es gibt Katzen, die brau-

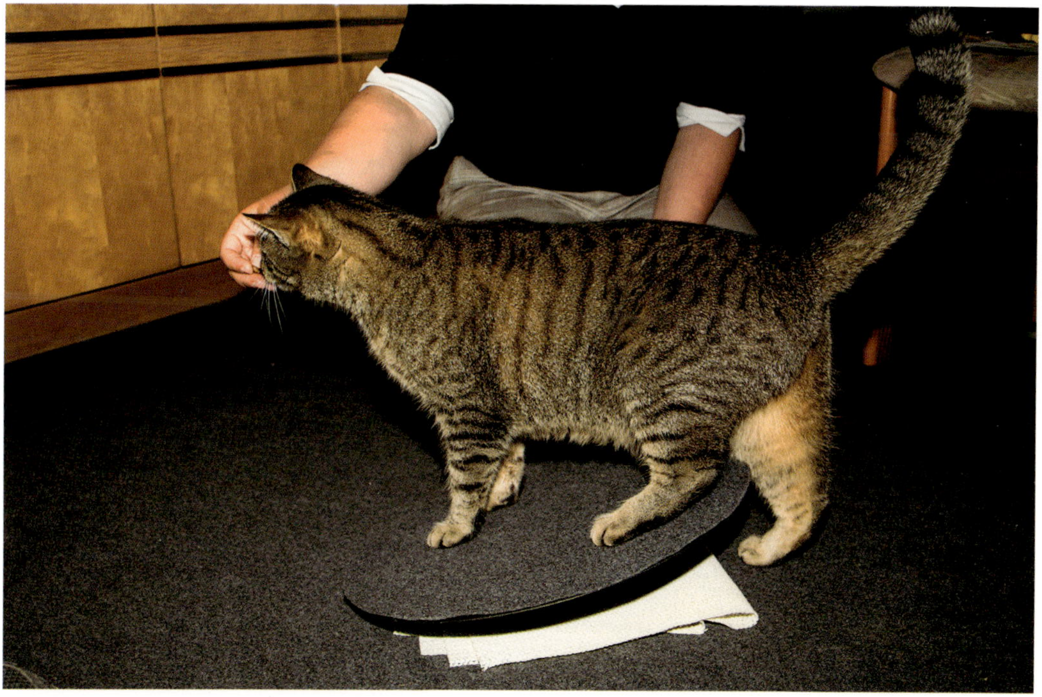

Nun fehlt nur noch ein kleiner Schritt, bis alle vier Pfoten auf dem Board sind.

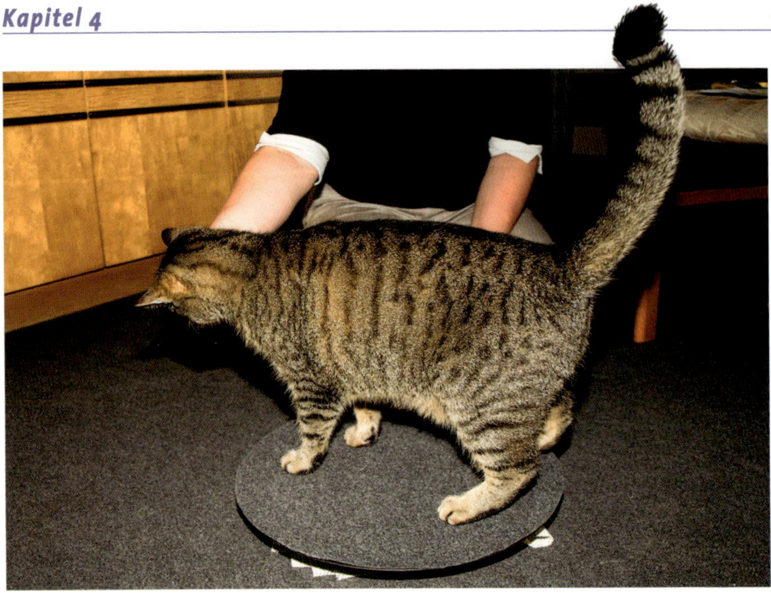

Phine steht nun komplett auf dem Board.

chen für das Erlernen dieser Übung nur wenige Tage, andere wiederum benötigen mehr Zeit. Üben Sie sich wie immer in Geduld und geben Sie dem Tier die Zeit, die es braucht. Sobald Ihre Katze ganz auf dem Board steht, belohnen Sie sie am besten mit einem Jackpot. Ihre Katze ist nach einigen Wochen nun ein richtiges Balance-Talent und hat inzwischen viele Muskeln aufgebaut.
Nun können Sie die Übung mit dem Board erweitern – lassen Sie Ihrer Fantasie dabei freien Lauf,

TIPP

- *Halten Sie das Board beim Raufsteigen etwas fest, lösen sie den Griff immer weiter, sodass das Wackeln langsam mehr wird.*
- *Achten Sie darauf, dass das Board nicht rutschig ist.*
- *Achten Sie darauf, dass der Untergrund vom Board rutschfest ist.*
- *Überfordern Sie Ihr Tier nicht.*

aber behalten Sie auch im Hinterkopf, was Ihre Katze gesundheitlich noch leisten kann und was sie besser lassen sollte. Hier sind ein paar Ideen für das Training mit dem Balance-Board:

- ***Sitzen auf dem Board***
- ***Platz auf dem Board***
- ***Männchen auf dem Board***
- ***Nur die Hinterbeine auf dem Board bzw. rückwärts auf das Board steigen***
- ***Seitlich auf dem Board (also eine Vorderpfote und eine Hinterpfote)***
- ***Auf dem Board auf die Seite legen***

Das Gang-Training mit Cavaletti-Stangen

Die Cavaletti-Stangen kommen aus dem Reitsport und sind grob gesagt tiefer gelegte Hürden.
Sie sollen nur übergangen werden, nicht übersprungen. Hierbei werden vor allem Körperbewusstsein, Konzentration und die Muskulatur der Katze gefördert. Bei diesem Gangtraining wer-

Das Gangtraining mit Cavalettis.

den die Gelenke der Katze wenig belastet und sie sind daher perfekt für ältere Katzen geeignet. Die Stangen (benutzen Sie bitte immer eine ungerade Zahl) werden in gleichmäßigen Abständen auf einen geraden Boden gelegt, somit erhalten Sie einen ruhigen Ablauf, durch welchen diese Übung auch besonders für aufgedrehte Katzen geeignet ist. Mit ein wenig Übung und Ruhe wird selbst die überdrehteste Katze entspannt und lernt sich zu konzentrieren.

Fangen Sie mit einer Stange an: Führen Sie Ihre Katze mit Hilfe des Nasentarget ruhig und langsam über die erste Stange. Sollte ihr diese Aufgabe nicht so leichtfallen, dann clicken Sie jede Pfote einzeln und in vielen kleinen Schritten, bis sie mit ihrem ganzen Körper über eine Stange läuft, ohne diese mit den Pfoten zu berühren (dies kann zu Beginn des Trainings schon einmal vorkommen).

Ihre Katze läuft nun sauber und ruhig über diese eine Stange, dann können Sie nun eine weitere Stange hinlegen. Achten Sie darauf, dass Sie sie nicht zu weit auseinanderlegen . Wichtig: Clicken Sie hier erst, wenn Ihre Katze über die zweite Stange hinüber ist, denn nach jedem Click bekommt sie eine Belohnung. Klappt dies auch, erweitern Sie auf drei Stangen. Sobald Ihre Katze über drei Stangen hinübergeht, haben Sie die Grundübung geschafft, nun können Sie an den Feinheiten arbeiten. Bauen Sie ein Kommando auf, sodass Sie nach einigen Übungseinheiten das Nasentarget abbauen können und Ihre Katze auf Kommando die Übung ausführt.

TIPP

Sobald Ihre Katze verstanden hat, dass sie über die Stange laufen muss, können Sie an der sauberen Ausführung der Übung arbeiten. Clicken Sie also nur dann, wenn Ihre Katze ohne Berührungen die Stangen passiert. Beachten Sie aber, dass manche Nerven- oder Gelenkserkrankungen dies erschweren können, seien Sie dann nicht so streng.

Aufbaumöglichkeiten

- *Legen Sie erst nach und nach mehr Stangen zum Drüberlaufen hin.*
- *Erhöhen Sie die Stangen ein wenig, aber immer nur so weit, dass Ihre Katze nicht springen muss.*
- *Variieren Sie die Abstände der Stangen.*
- *Legen Sie Stangen kreuz und quer hin, so dass sich mehr Zwischenräume bilden. So kann Ihre Katze auch mal im Kreis laufen und es kommt Abwechslung in die Übung.*

... MEHREREN KATZEN

Katzen leben gern in Gesellschaft, daher macht es Sinn sich Gedanken zu machen, wie man mit mehr als einer Katze clickert. Als Erstes sei ge-

Es gibt viele Möglichkeiten zur Anordnung der Stangen.

sagt, dass das Zusammenleben von Katzen meist sehr unterschiedlich ist, daher gibt es hier keine direkte Anleitung, sondern nur eine Möglichkeit. Achten Sie beim Clickern auf Ihre Tiere – haben Sie eine Katze, die geduldiger ist, dann arbeiten Sie zuerst mit der Katze, die es nicht erwarten kann.

Am leichtesten ist es natürlich, wenn die andere Katze nicht im selben Raum ist. Nehmen Sie sich das Tier, mit dem Sie üben wollen, und gehen Sie in einen anderen Raum. Vergessen Sie aber nicht die zurückbleibenden Katzen zu beschäftigen. Wie wäre es mit einem Snackball oder einem Baldrian- oder Katzenminzekissen? Man kann den Tieren auch beibringen, dass sie geduldig warten müssen. Ich beschreibe die Übung nun einfach mal mit zwei Katzen. Wenn Sie mehr als zwei Katzen haben, wenden Sie dies auf die anderen genauso an. Geben Sie jeder Katze die Möglichkeit, dicht bei Ihnen zu sein. Setzten Sie sich mittig und nehmen Ihren Clicker. Warten Sie einen Moment ab, sind beide Katzen ruhig, clicken Sie und beide bekommen ein Leckerli. Sollten die Katzen nicht ruhig abwarten, dann clicken Sie auch nicht und versuchen die Übung zu einem späteren Zeitpunkt des Tages noch einmal. Warten Sie aber nicht zu lange. Ziel ist es, dass beide Katzen ruhig sind, selbst wenn es nur eine Sekunde ist. Das wiederholen Sie bitte ganz oft und lassen diesen Moment einfach immer länger werden. Sobald Ihre Katzen nun gelernt haben, ruhig zu sein und zu warten, können Sie anfangen mit einem Tier zu arbeiten. Wenn Sie mit Katze 1 anfangen und sie ihren ersten Click bekommt, vergessen Sie bitte nicht, dass Katze 2 auch ihr Leckerli verdient hat, denn sie saß ruhig und hat gewartet.

Nasentarget mit zwei Katzen.

Jogi und Mautzi bleiben brav auf ihren zugewiesenen Platzdecken.

Nach einigen Trainingseinheiten können Sie die Anforderungen steigern, indem Sie beispielsweise zwei Übungen von Katze 1 verlangen und Katze 2 länger warten muss. Überfordern Sie Ihre Katzen nicht, denn dieses Warten ist gar nicht so einfach.

TIPP

Sollten Sie am Anfang Ihre Katzen für die klassische Konditionierung trennen können, bringen Sie Ihnen bei, sich auf ein Handtuch zu setzen (Ablauf wie bei »Geh auf die Decke«).
Sobald Ihre Katzen wissen, dass jede ein eigenes Handtuch hat, kann dies helfen sobald Sie mit allen gemeinsam clickern.

... passiven Katzen

Manche Katzen sind nicht so aktiv, bei einigen liegt das am Charakter, bei anderen ist es auch rassebedingt oder gar beides. Wer nun keine aktive Bengalkatze hat, sondern eher eine ruhige Main Coon, sollte sich überlegen, welche Tricks er mit der Katze übt. Liegen ihr denn Springübungen? Oder will ich ihr das einfach unbedingt beibringen.

- ***Die Clickereinheiten sollten kurz gehalten werden (5–10 Leckerlis), dafür lieber mehrmals täglich.***
- ***Belohnen Sie extrem viel, auch jeden kleinsten Schritt (viele Erfolge machen Lust und Mut auf mehr).***
- ***Sind die Übungen zu schwer, passen sie zur Katze oder überfordern Sie sie mit der Übung? Sie sollte sich auch auf keinen Fall mit den Übungen langweilen.***

Clicker? – Nein danke, heute nicht!

Eine Katze muss nicht alles können, passen Sie die Übungen immer an ihren Stubentiger an. Ist er dennoch schwer zu motivieren, sollten Sie ein paar Hinweise beachten. Da auch wir Menschen nicht fehlerfrei sind und unsere Katzen dies auch mitbekommen, könnte das Misslingen einer Übung eventuell am fehlerhaften Clickern liegen.

Es ist ratsam, zur Klärung eine Kamera aufzustellen. Nehmen Sie Ihre Clickereinheit auf und schauen Sie sie danach in Ruhe an. Sollte Ihre Katze während dieser Aufnahme nicht so mitmachen wie vorher, gibt es auch hierfür einige Ideen von mir.

Die Katze und die Kamera

Sie wollen das Gelernte Ihrer Katze gern anderen Menschen zeigen oder zur Selbstkontrolle nutzen? Aber kaum holen Sie Ihre Kamera raus, macht Ihre Katze nichts oder nur ganz schlecht mit? Warum ist das so? Ganz einfach, die Kamera verändert die Situation, eventuell haben Sie nur noch eine Hand frei, Sie selbst sind zudem vielleicht aufgeregt, weil Sie aufnehmen. Das sind alles Veränderungen, die die Katze bemerkt. Aber das muss nicht so sein. Wenn Sie wollen, dass Ihre Katze die Angst oder Scheu vor der Kamera verliert, müssen Sie eigentlich nur ein paar Dinge tun. Schaffen Sie eine Möglichkeit, wie Sie Ihre Kamera filmen lassen können, ohne Sie in der Hand zu halten. Seien Sie kreativ, besorgen Sie beispielsweise ein Stativ, stellen Sie die Kamera auf einer Kiste, auf einem Stuhl oder etwas Ähnlichem ab. Falls Sie statt einer Kamera Ihr Handy für die Aufzeichnungen nutzen sollten, gibt es auch hierfür passende Stative oder andere Abstellmöglichkeiten.

Nun haben Sie weiterhin beide Hände frei und können wieder wie gewohnt mit Ihrer Katze arbeiten. Doch Ihre Katze kennt ja die Kamera noch nicht so gut, deswegen machen Sie einfach Folgendes: Stellen Sie Ihre Kamera bei jedem Training auf. Haben Sie etwas Geduld. Nach einiger Zeit hat sich die Katze an die Kamera gewöhnt, als hätte sie nie etwas anderes

Das Aufnehmen des Trainings hilft bei der Fehleranalyse.

Fressen neben dem Bodentarget.

gekannt. Es ist schließlich nur ein weiterer Gegenstand im Raum, dem Sie selbst dementsprechend wenig Beachtung schenken. Sie müssen nicht jedes Training aufzeichnen. Aber ich empfehle Ihnen, machen Sie es einfach mal, dann können Sie sich die Aufnahme noch mal in Ruhe anschauen und genau sehen, wie Sie arbeiten und welche Fortschritte Sie in welcher Zeit machen. Viele Menschen merken erst dann, dass sie zu spät clicken oder entdecken, dass ihre Katze ja doch sehr aufmerksam dabei ist oder aber Unwohlsein oder gar Angst zeigt, was Sie beim Training direkt überhaupt nicht bemerkt haben, weil die Anzeichen, die Ihre Katze sendet, so gering sind.

... scheuen Katzen

Nicht selten haben Katzen Angst vor Ihren Besitzern, oft wurden die Katzen nicht sozialisiert. Sie haben in Ihrer Kindheit einfach kaum bis gar keine Menschen kennengelernt. Manche Katzen mussten mit Menschen schlechte Erfahrungen machen, die Gründe dafür können ganz unterschiedlich sein. Doch egal welchen Grund Ihre scheue Katze hat, dies muss nicht so bleiben. Mit viel Geduld, Verständnis und Einfühlungsvermögen haben Sie mit dem Clickertraining eine Möglichkeit, mit Ihrer Katze eine vertrauensvolle Beziehung aufzubauen. Der wohl wichtigste Punkt mit einer scheuen Katze zu arbeiten ist der, dass man der Katze die Entscheidung überlässt, wie schnell das Tempo der Übungen sind. Nur sie alleine entscheidet, ab wann sie genug Vertrauen gesammelt hat.

In dem Kapitel 2 (Angstbewältigung) habe ich schon ein wenig über Angst geschrieben. Sobald Ihre Katze keine Furcht mehr bekommt, wenn Sie in der Nähe sind, und auch bereit ist Futter anzunehmen, können Sie mit der Annäherung beginnen.
Beginnen Sie damit, dass Sie in der Nähe der Katze einen kleinen Teller mit einem Löffelchen Futter hinstellen. Entfernen Sie sich und beobachten Sie Ihre Katze. Sollte diese sich dadurch gestört fühlen, können Sie auch mit Hilfe eines Spiegels Ihre Katze beobachten. Sobald Ihre Katze am Futter ist und es beschnuppert, clicken Sie und lassen die Katze in Ruhe fressen. Dieser Teil der Übung lässt sich auch super zur Fressenszeit üben. Geben Sie Ihr das Futter einfach Click für Click und schon haben Sie Ihre scheue Katze konditioniert. Diese Übung können Sie ruhig eine ganze Weile wiederholen, so kann sich Ihre Katze an den Teller und an den Click gewöhnen. Machen Sie bitte erst weiter, wenn Ihre Katze nicht mehr wegrennt, sobald Sie neues Futter auf dem Teller bereitstellen.

Beginnen Sie nun mit den Targets zu arbeiten. Testen Sie einfach, welches passend ist, manche Katzen haben Angst vor dem Nasentarget, manche wiederum nicht – testen Sie einfach aus, mit welchem Target Ihre Katze lieber arbeiten möchte. Ich erkläre die weitere Übung mit dem Bodentarget, weil dies meiner Meinung nach am besten geeignet ist. Denn hier bestimmt nur die Katze, wann sie sich dem Target nähert. Das Nasentarget dagegen muss man zur Katze hinhalten, es wackelt leicht. Sollte Ihre Katze nicht mehr ganz so scheu sein, eignet sich das Nasentarget aber auch sehr gut für diese Übung.

Legen Sie das Bodentarget in die Nähe des Tellers mit dem Futter. Wie gewohnt clicken Sie, wenn Ihre Katze an das Futter geht. Haben Sie Geduld, wenn Ihre Katze nun nicht mehr so schnell ans Futter gehen sollte. Immerhin liegt dort etwas, das aus ihrer Sicht gefährlich für sie werden könnte. Sobald sie aber wie gewohnt frisst, ist die Angst vor dem Target weg. Nun können Sie mit dem eigentlichen Training beginnen.

Legen Sie nun nur noch das Bodentarget hin, lassen Sie den Teller bei sich, schaut Ihre Katze zum Bodentarget oder schnuppert sogar daran, clicken und belohnen Sie sie, indem Sie ihr den Teller neben das Target stellen. Entfernen Sie sich wieder, sodass sie in Ruhe fressen kann. Wiederholen Sie diese Übung immer wieder, sodass sich immer mehr Vertrauen aufbauen kann. Sobald Sie merken, dass Ihre Katze verstanden hat, dass sie für jeden Blick eine Belohnung kommt, clicken Sie nicht sondern lassen Ihre Katze ruhig ausprobieren, wie Sie an den Click kommt.
Findet Ihre Katze heraus, wann der Click kommt, helfen Sie ihr, indem Sie z. B. ein Leckerli an das Target kleben. Sobald Ihre Katze an das Leckerchen geht, clicken Sie und bringen Ihr den Teller mit der Belohnung. Je nach Katzentyp können Sie auch ein Leckerli hinüberwerfen. Bitte achten Sie darauf, dass sie sich dabei nicht erschrickt. Sobald Ihre Katze verstanden hat, dass bei einer Berührung des Bodentargets eine Belohnung erfolgt, können

Gemeinsam auf der Suche nach der richtigen Belohnung.

Sie damit beginnen, das Target immer näher zu sich wandern zu lassen, Click für Click. Achten Sie dabei immer auf Ihre Katze, machen sie langsame Schritte und verlangen Sie in einer Übungseinheit nicht zu viel von ihr. Seien Sie nicht übermütig und fassen Ihre Katzen an, sobald sie dicht bei Ihnen ist, lassen Sie sie selbst entscheiden wann sie dazu bereit ist.

... aktiven Katzen

Das Clickern mit sehr aktiven oder gar quirligen Katzen ist mitunter gar nicht so einfach, denn meist können sie gar nicht abwarten, was als nächstes zu tun ist und wann endlich die nächste leckere Belohnung in Aussicht ist. Wichtige Übungen für solche Katzen sind die Impulskontrolle und »Nein«. Nehmen Sie sich ein Leckerli in die Hand und zeigen Sie dies Ihrer Katze. Sobald Ihre Katze die Hand in Ruhe lässt und nicht weiter bedrängt, clicken Sie, öffnen die Hand und reichen das Leckerchen zur Katze. Es wird je nach Katze einige Versuche brauchen, bis sie geduldig wartet. Sollte sie bei der Übung bereits überdrehen und verrückt spielen, machen Sie eine Pause und warten, bis sie sich wieder etwas beruhigt hat.

Je nach Art der Belohnung können Sie auch versuchen, eine nicht ganz so verlockend riechende Belohnung auszuwählen. Bevor Sie mit Ihrer aktiven Katze anfangen, ihre Energie, in sprung- und aktionsreiche Tricks umzusetzen, möchte ich Ihnen raten, erst eine Grundruhe beim Clickern zu erarbeiten. Überdreht Ihre Katze zu sehr, kann sie nicht lernen. Der Kopf ist dann nämlich nicht frei, um sich Dinge zu merken oder sich überhaupt erst zu konzentrieren. Das wird Sie und auch Ihre Katze auf Dauer frustrieren. Daher fangen Sie einfach schon bei der Konditionierung damit an und clicken erst, wenn Ihre Katze ruhig ist. Bauen Sie alle Tricks, die Sie üben, mit einer Grundruhe auf, seien Sie natürlich auch selbst nicht hektisch. Überlegen Sie sich, bevor Sie zu clickern beginnen, was Sie heute machen wollen, sodass Sie alles, was Sie brauchen, griffbereit haben und nicht noch einige Male aufstehen müssen und damit Unruhe in die Übung bringen. Arbeiten Sie immer konzentriert und ruhig.

Das Trainingstagebuch

Um ein optimales Trainingsergebnis zu erhalten, empfiehlt es sich ein Trainingstagebuch zu führen. Somit können Sie festhalten, wo es Fortschritte, Rückschritte oder gar Probleme beim Training gibt. Oft fallen einem dann außerhalb des Trainings Ideen oder Hilfsmittel ein. Dies können Sie eintragen und bei der nächsten Clickereinheit umsetzen. Eine sehr große Hilfe ist dieses Trainingsbuch, wenn man mit mehreren Katzen clickert. Sie können hier auch alle Kommandos und Handzeichen aufschreiben, nach ein paar Jahren Clicks sammeln sich so einige Zeichen und Kommandos an. So könnte Ihr Trainingsbuch aussehen: Dies ist aber nur ein Beispiel, Sie können Ihr Tagebuch erweitern oder kürzen, so wie Sie am besten damit klarkommen.

Neben der Videoanalyse hilft es auch, ein Trainingstagebuch zur Auswertung des Trainings zu schreiben.

Kapitel 5

Katzenagility

Viele kennen Agility von Hunden. Doch auch unsere Katzen haben Spaß daran. Sie springen gern, sie balancieren wie kein anderer, also warum sollte Agility nur für Hunde sein? Sie stellen Ihrer Katze einige Hindernisse auf, die Sie nach dem einzelnen Kennenlernen hintereinander abläuft. Das ist perfekt, um aktive Katzen auszupowern, oder ältere Katzen zur Bewegung zu animieren

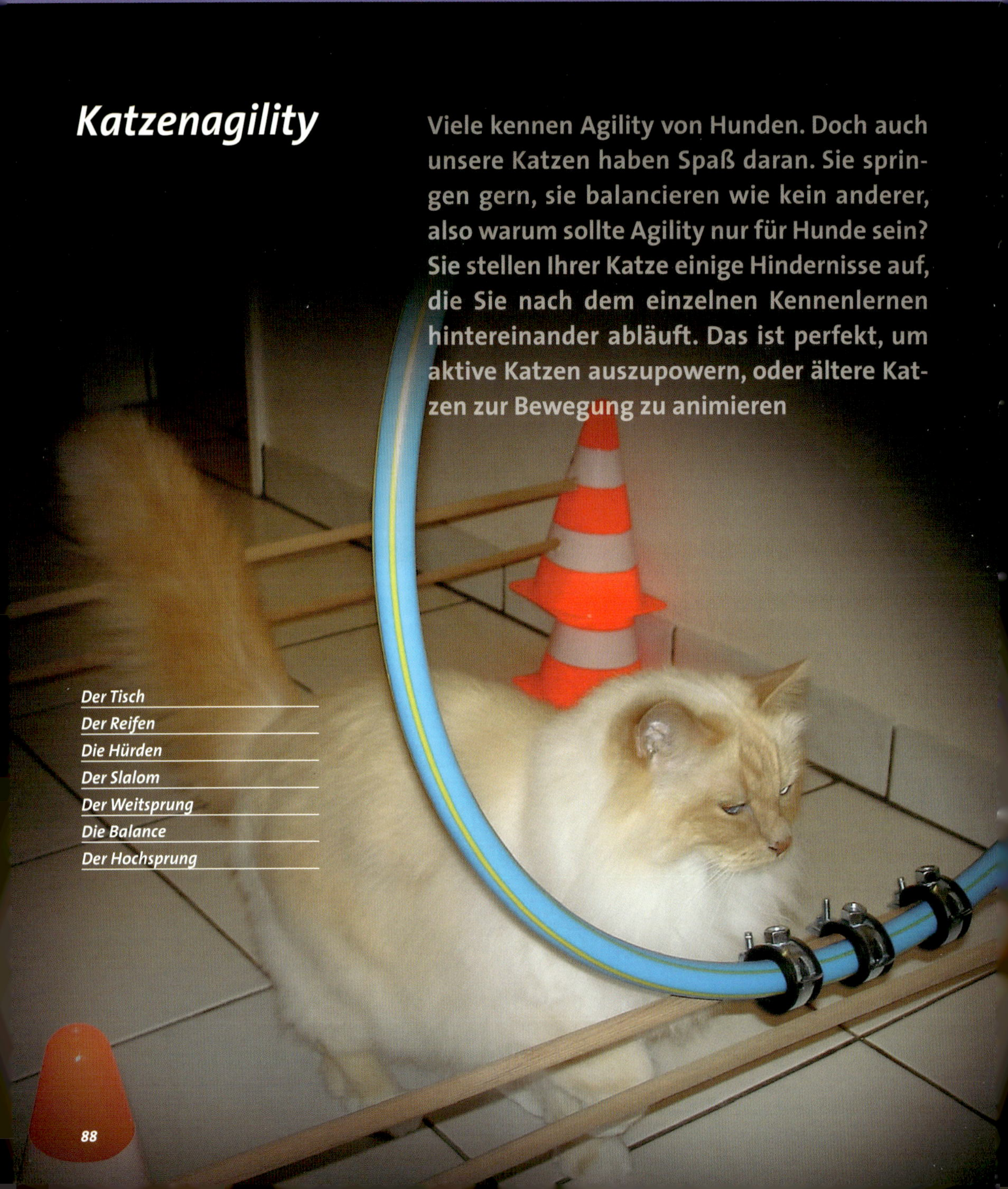

Das Wichtigste ist, wie bei allen in diesem Buch gezeigten Tricks, dass Sie und Ihre Katze Spaß daran haben. Ihre Katze sollte für das Agility selbstverständlich die gesundheitlichen Voraussetzungen besitzen.

Der Tisch

Der Tisch kann auch etwas Anderes sein, eine Kiste oder z.B. ein Stuhl, auf den die Katze hinaufspringt, sich setzt und einige Sekunden wartet, bis Sie zum nächsten Hindernis weiter läuft.

Hinweis

Der Tisch muss umkippsicher stehen, darf keine rutschige Unterlage haben und er sollte nicht zu klein sein.

Als Erstes sollte Ihre Katze verstehen, dass Sie auf den Tisch springen soll. Dazu sollten Sie Ihre Katze mit dem Target Click für Click hinauflocken. Sie können bereits ein Kommando einführen, wenn Ihre Katze zuverlässig auf den Tisch springt, sodass sie später für diese Übung keine Hilfsmittel mehr benötigen. Da Ihre Katze eine kurze Weile auf dem Tisch sitzen bleiben soll, sind das noch zwei weitere Teilschritte, die Sie üben müssen. Fangen Sie mit dem Warten an. Ihre Katze springt also auf den Tisch, nun warten Sie einige Sekunden mit dem Click und der Belohnung. Verlängern Sie die Zeit Click für Click. Wenn Sie Glück haben, setzt sich Ihre Katze aufgrund des Wartens von ganz allein, dann gibt es natürlich einen Jackpot als Belohnung. Sollte Ihre Katze sich nicht von alleine setzen, fügen Sie einfach nach der Wartezeit das Sitzkommando ein. Nach vielen Wiederholungen wird Ihre Katze sich alleine setzen und Sie können das Sitzkommando einfach weglassen.

Akito springt durch den Reifen.

Der Reifen

Bei diesem Trick springt die Katze durch einen Reifen, den Sie selber basteln können.

Stellen Sie den Reifen auf den Boden und animieren die Katze, hindurchzugehen. Halten Sie das Nasentarget einfach auf die andere Seite. Clicken und Belohnen Sie dieses Durchgehen dann ausgiebig. Sobald Ihre Katze zuverlässig durch den Reifen geht, fügen Sie ein Kommando hinzu, sodass Sie das Target weglassen können. (Wer bereits das Durchgehen mit der Katzenklappe erlernt hat, wird sehen, wie leicht die Katze durch den Reifen geht.) Der Reifen muss nun in kleinen Schritten immer weiter nach oben wandern, Click für Click. Nach einigen Übungseinheiten wird Ihre Katze durch den Reifen springen.

Hürdenspringen im Garten.

Die Hürden

Die Hürde ist ein Hindernis, über das die Katze springen muss. Dies können Sie ganz unterschiedlich aufbauen. Stapeln Sie beispielsweise einfach mehrere Bücher übereinander oder bauen Sie eine Hürde aus Pappe.

Beginnen Sie am besten mit einer kleinen Hürde. Wenn Sie Bücher nutzen, legen Sie erst ein bis zwei auf den Boden. Lassen Sie Ihre Katze mit Hilfe des Nasentargets über die Hürde gehen. Sobald sie dies zuverlässig tut, erhöhen Sie die Hürde. Belohnen Sie Ihre Katze viel und ausgiebig. Wenn sie nun auch zuverlässig über die Hürde springt, um an das Nasentarget zu kommen, können Sie ein Kommando hinzufügen. Verknüpft Ihre Katze das Kommando mit dem Hürdenspringen, können Sie das Nasentarget weglassen.

Der Slalom

Ein Slalomparcours besteht aus mehreren Stangen, die die Katze beginnend von rechts, dann links, halb umrunden soll. Für einen Slalomparcours eignen sich auch Flaschen, die in einer Linie aufgestellt werden. Sollten Sie Flaschen benutzen, füllen Sie diese bitte mit Wasser, damit sie nicht bei der kleinsten Berührung umfallen.

Beginnen Sie erst einmal mit zwei Stangen bzw. Flaschen, führen Sie Ihre Katze mit Hilfe des Nasentargets um die beiden Stangen herum. Wenn Ihre Katze damit keine Probleme hat, können Sie die Anzahl der Stangen sehr schnell erhöhen. Allerdings gibt es einige Katzen, die das Herumlaufen um die Stangen nicht so toll finden. Gründe können unter anderem sein, dass Sie die Stangen zu weit oder zu dicht aneinander gereiht haben, lassen Sie ihrer Katze also genug Platz. Sobald Ihre Katze im Slalom durch die Stangen geht, fügen Sie bitte ein Kommando ein, damit auch hier, nach Verknüpfung der Übung mit dem Kommando, das Hilfsmittel weggelassen werden kann.

Der Tunnel

Einige Katzen haben an so einem Tunnel mächtig viel Spaß und laufen daher ohne große Übung hindurch. Ängstlichere Katzen hingegen würden den Tunnel sicher gerne auslassen. Überlegen Sie, ob Sie diese Übung mit Ihrer ängstlichen Katze trainieren wollen. Überwindet Ihre Katze die Angst vor dem Tunnel, haben Sie wieder einen großen Erfolg zu feiern. Fangen Sie ganz langsam an, lassen Sie die Katze erst den Gegenstand in Ruhe erkundigen. Clicken Sie jede Annäherung. Bei einem gekauften Tunnel ist es möglich, diesen für den Anfang noch nicht ganz auszurollen. Binden Sie ihn mit einer Schnur zusammen, sodass Ihre Katze nur

Katzenagility – der Tunnel.

ein ganz kleines Stück hindurch muss. Führen Sie sie langsam mit Hilfe des Nasentargets immer dichter zum Tunnel. Click für Click lassen Sie sie den Kopf hineinstecken. Belohnen Sie dies ausgiebig. Sobald Ihre Katze den Kopf in den Tunnel steckt und sich dabei wohlfühlt, beginnen Sie das Target von der anderen Seite her durch den Tunnel durch zu halten, so können Sie Ihre Katze immer weiter durch den Tunnel lotsen. Geht Ihre Katze nun immer sicherer durch den Tunnel, können Sie beginnen ihn Click für Click immer länger werden zu lassen. Fügen Sie ein Kommando ein, wenn Sie die Endlänge des Tunnels erreicht haben und bauen das Nasentarget, was als Hilfsmittel diente, ab.

Der Weitsprung

Bei Hunde-Agility liegen oder hängen kurz über dem Boden Hindernisse, die übersprungen werden müssen. Dies können und mögen auch Katzen, oder man lässt sie aber auch von einem Stuhl zum nächsten Stuhl springen. Achten Sie

Stuhlweitsprung.

auf Ihr Tier, lässt der Gesundheitsstand Ihres Tiers dies zu?

Stellen Sie zwei Stühle ganz nah nebeneinander. Ihre Katze sollte erst einmal nur zum anderen hinüber laufen könne, ohne springen zu müssen. Beginnen Sie, indem Sie Ihre Katze auf den Stuhl setzen oder hinaufspringen lassen. Locken Sie Ihre Katze mit Hilfe des Targets auf den anderen Stuhl. Nach ein paar Übungseinheiten können Sie die Stühle langsam, Click für Click, weiter auseinanderstellen. Nach einigen Übungseinheiten muss Ihre Katze springen um den anderen Stuhl zu erreichen, fügen Sie nun bereits ein Kommando hinzu und bauen das Hilfsmittel (das Target) ab. Nach einigen Trainingseinheiten können Sie nun die Entfernung der Stühle voneinander noch erhöhen.

Hinweis

Achten Sie darauf, dass die Stühle nicht wegrutschen können. Sobald Ihre Katze losspringt, drückt sie sich mit den Hinterbeinen recht stark ab. Kleine Teppichreste o. Ä. wirken rutschhemmend und können so hilfreich dabei sein.

Die Balance

Die Balance-Übung steht nicht direkt in Verbindung mit dem Agility, aber da es auch keine festen Regeln fürs Katzenagility gibt, möchte ich diesen Trick hier gerne mit einfügen. Hier können Sie Ihrer Wohnungskatze ein bisschen Abenteuer aus der Natur ins Wohnzimmer bringen.

Balancieren über einen Balken.

Stellen Sie die zwei Stühle gegenüber und verbinden diese mit einem Brett. Das Brett sollte für den Anfang nicht zu schmal sein. Beginnen Sie damit, Ihre Katze mit Hilfe des Nasentargets über das Brett zu lotsen. Arbeiten Sie in kleinen Schritten, ist Ihre Katze ein paar Zentimeter auf dem Brett, können Sie schon den ersten Click geben und sie belohnen. Nach einigen Clicks ist Ihre Katze auf der anderen Seite angekommen, belohnen Sie sie ausgiebig mit dem Jackpot.

Nach einigen Tagen können Sie beginnen, ein Kommando hinzuzufügen, sodass Sie das Nasentarget abbauen können. Ihre Katze geht nun auf Kommando über das Brett. Nun beginnen Sie das Brett immer schmaler werden zu lassen. Katzen sind tolle Balancekünstler, sodass sie ohne Probleme auch über ein Seil balancieren könnten. In der Natur machen Sie es täglich vor, indem Sie über dünne Zäune Balancieren. Wichtig ist nur, dass Sie Ihre Katze nicht überfordern und die Übung langsam steigern.

Der Hochsprung

Katzen können nicht nur weit springen, sie können auch ohne Probleme aus dem Stand auf eine Höhe von mindestens 1,70 m springen. Dies hat mir meine eigene Katze Phine gezeigt, die das täglich bei ihrem Freigang vorführt. Reine Wohnungskatzen haben allerdings kaum die Möglichkeit, so hoch zu springen. Selbst wenn Sie einen hohen Kratzbaum haben, sind dort viele weitere Stufen, sodass die Katze selten mit einem Sprung bis nach ganz oben geht. Daher sollten Sie diese Übung langsam aufbauen, denn Ihre Katze muss die gewünschten Muskeln erst wieder richtig ausbilden. Wie beim Menschen bilden sich auch bei Tieren die Muskeln, die weniger gebraucht werden, etwas zurück. Also überstürzen Sie nichts und geben Sie Ihrer Katze ausreichend Zeit.

Beginnen Sie mit einer kleinen Höhe, wie z. B. der eines Stuhls. Locken Sie Ihre Katze mit dem Nasentarget darauf. Sobald sie hinaufspringt, clicken und belohnen Sie sie. Wenn Ihre Katze nach einigen Wiederholungen zuverlässig auf den Stuhl springt, fügen Sie ein Kommando hinzu. Das Target kann wie immer weggelassen werden, wenn Ihre Katze das Kommando mit dem Sprung verknüpft hat. Da Sie in Ihrer ganzen Wohnung später verschiedene Höhen suchen werden, ist es wichtig, dass Ihre Katze den Trick »Spring« auch in anderen Räumen und mit anderen Gegenständen ausführen kann. Eine große Hilfe ist es daher, das Training dafür von Anfang so vielseitig wie möglich zu gestalten. Stellen Sie den Stuhl beispielsweise in einen anderen Raum und geben Sie Ihrer Katze das Kommando fürs Hinaufspringen. Nehmen Sie auch immer wieder mal einen kleinen Gegenstand, z. B. einen Wäschekorb. Das machen Sie, damit die Katze das Kommando auch tatsächlich mit dem Sprung und nicht mit dem Stuhl verbindet.

Sobald Ihre Katze kein Problem mit dem Ortswechsel oder dem Gegenstand hat, können Sie beginnen, diese Übung langsam auszubauen. Bauen Sie die Sprungflächen immer höher an, aber achten Sie darauf, ab wann es Ihrer Katze zu schwer wird.

Dayana Winkler ist Tier-Verhaltenstherapeutin und besonders von der Arbeit mit Katzen fasziniert – gerade weil unsere Stubentiger im Allgemeinen als stur und eigenwillig gelten. Für sie liegt das Geheimnis des Erfolgs in Geduld und der Arbeit mit positiver Verstärkung. So fasziniert das Clickertraining nicht nur sie selbst, sondern auch ihre Katzen. Auf der Suche nach weiteren Clickerkatzen eröffnete die Autorin eine Clicker-Gruppe bei Facebook und gibt dort Hilfestellung für Menschen, die mit dem Clickern beginnen möchten oder schon im Training sind, und mit neuen Tricks und Ideen versorgt werden möchten.

Unsere Erfolgsreihen auf einen Blick

Die Reitschule

Heinrich Bergmann-Scholvien, **Arbeit an der Doppellonge**, ISBN 978-3-275-01805-5
Urte Biallas, **Bodenarbeit**, ISBN 978-3-275-01708-9
Kerstin Diacont, **Grundkurs Sitz und Hilfen**, ISBN 978-3-275-01707-2
Kerstin Diacont, **Dressur für Fortgeschrittene**, ISBN 978-3-275-01749-2
Angelika Schmelzer, **Pferde erziehen**, ISBN 978-3-275-01709-6
Angelika Schmelzer, **Reiten im Gelände**, ISBN 978-3-275-01748-5
Britta Schön, **Hufschlagfiguren und Lektionen E bis A**, ISBN 978-3-275-01728-7
Britta Schön, **Mein erster Turnierstart**, ISBN 978-3-275-01777-5
Sabine Schweickert, **Fahren für Einsteiger**, ISBN 978-3-275-01803-1
Viviane Theby, **So lernen Pferde**, ISBN 978-3-275-01804-8
Sigrid Weppelmann/Sandra Mensmann, **Longieren**, ISBN 978-3-275-01727-0
Sigrid Weppelmann, **Basispass Pferdekunde**, ISBN 978-3-275-01750-8
Inga Wolframm, **Angstfrei reiten**, ISBN 978-3-275-01729-4
Inga Wolframm, **Springen für Einsteiger**, ISBN 978-3-275-01776-8

Die Hundeschule

Annegret Bangert, **Begleithundprüfung**, ISBN 978-3-275-01779-9
Ann-Sophie Griebel, **Clicker-Training**, ISBN 978-3-275-01714-0
Micaela Köppel, **Spiel und Spaß für jeden Tag**, ISBN 978-3-275-01732-4
Petra Krivy/Ann-Sophie Griebel, **Ein Hund aus zweiter Hand**, ISBN 978-3-275-01780-5
Petra Krivy/Angelika Lanzerath, **Was ein Welpe lernen muss**, ISBN 978-3-275-01689-1
Petra Krivy/Angelika Lanzerath, **Hunde verstehen**, ISBN 978-3-275-01756-0
Petra Krivy/Angelika Lanzerath, **Einfach gut erzogen**, ISBN 978-3-275-01731-7
Petra Krivy/Angelika Lanzerath, **So geht's nicht weiter**, ISBN 978-3-275-01713-3
Petra Krivy/Angelika Lanzerath, **Mein Hund im Flegelalter**, ISBN 978-3-275-01810-9
Uta Reichenbach/Tanja Sinner, **Agility**, ISBN 978-3-275-01660-0
Uta Reichenbach/Gabriele Lehari, **Sinnvolle Beschäftigung**, ISBN 978-3-275-01645-7
Monika Schaal/Ursula Breuer, **Komm zu mir!**, ISBN 978-3-275-01623-5
Monika Schaal/Ursula Daugschieß-Thumm, **Lockere Leine**, ISBN 978-3-275-01621-1
Julia Schuster/Jochen Schleicher, **Dog Frisbee**, ISBN 978-3-275-01755-3
Beate Schwarz, **Dummy-Training**, ISBN 978-3-275-01690-7
Manuela van Schewick, **Apportieren mit Spaß**, ISBN 978-3-275-01754-6
Christiane Wergowski, **Alleine bleiben**, ISBN 978-3-275-01659-4

happy cats

Nina Ernst, **Willkommen Katze**, ISBN 978-3-275-01781-2
Nina Ernst, **Zufriedene Stubentiger**, ISBN 978-3-275-01760-7
Gabriele Müller, **Miau – Katzensprache richtig deuten**, ISBN 978-3-275-01782-9
Gabriele Müller, **Katzenspiele**, ISBN 978-3-275-01811-6

Jedes Buch mit 96 Seiten,
ca. 80 Abb., broschiert,
je **€** 9,95/CHF 18,90/**€**(A) 10,30